人工智能

产业应用与场景赋能

王雨晨 张天龙 刘 杰◎著

中国铁道出版社有限公司
CHINA RAILWAY PUBLISHING HOUSE CO., LTD.

图书在版编目（CIP）数据

人工智能：产业应用与场景赋能/王雨晨，张天龙，刘杰
著．—北京：中国铁道出版社有限公司，2024.4
ISBN 978-7-113-30910-7

Ⅰ.①人… Ⅱ.①王… ②张… ③刘… Ⅲ.①人工智能
Ⅳ.①TP18

中国国家版本馆CIP数据核字（2024）第016792号

书　　名：人工智能——产业应用与场景赋能
　　　　　RENGONG ZHINENG: CHANYE YINGYONG YU CHANGJING FUNENG
作　　者：王雨晨　张天龙　刘　杰

责任编辑：鲍　闻　　　　　　　　编辑部电话：（010）51873005
封面设计：宿　萌
责任校对：刘　畅
责任印制：赵星辰

出版发行：中国铁道出版社有限公司（100054，北京市西城区右安门西街8号）
网　　址：http://www.tdpress.com
印　　刷：三河市宏盛印务有限公司
版　　次：2024年4月第1版　2024年4月第1次印刷
开　　本：710 mm×1 000 mm　1/16　印张：11.25　字数：145千
书　　号：ISBN 978-7-113-30910-7
定　　价：68.00元

前　言

　　1956 年，在达特茅斯会议上，麦卡锡首次提出人工智能的概念，这标志着人工智能的诞生。此后的 10 多年间，首个人工智能机器人 Shakey（沙基）、第一个聊天机器人 Eliza（伊莉莎）等被发明，人工智能迎来黄金期。

　　20 世纪 70 年代，人工智能遭遇了瓶颈。人工智能往往通过特定指令执行任务，一旦问题变得复杂，就失去了解决问题的能力，这使得许多对人工智能有所期待的人们大失所望。

　　20 世纪 80 年代，人工智能计算机诞生，一个名为"专家系统"的 AI 程序悄然兴起，这使得各国对人工智能重新燃起希望，开始加大对信息技术领域的投资。但在专家系统得到广泛应用的同时，也暴露了一些问题。例如，人工智能会在常识性问题上出错、人工智能维护成本过高等，人工智能第二次遭遇了瓶颈。

　　1997 年，"深蓝"超级计算机战胜当时的国际象棋世界冠军卡斯帕罗夫，人工智能再次迎来发展机遇。在技术的不断推进下，计算机性能迎来突破，大数据、云计算、深度学习等领域进一步发展。人工智能广泛应用于教育、金融、传媒等行业，对人类的生活产生重大影响，人工智能时代到来。

　　对于人工智能时代的到来，大多数人表示欢迎，但也有少部分人担忧人工智能会扰乱人类生活，但无论人们持什么态度，人工智能的发展已成定局。

　　人工智能能够与各个场景融合,为人类生活带来帮助。无论是企业还是个人,都应该做好准备迎接人工智能时代的到来。基于这一背景,本书以人工智能为切入点,对人工智能进行全面讲解。

　　本书先对人工智能相关理论知识进行了综合讲解,包括人工智能的基础认知,人工智能的机遇与挑战,人工智能与5G、云计算、区块链等先进技术的融合发展。通过这些内容,读者可以了解人工智能的概念、发展现状、技术融合趋势等,对人工智能形成一个整体的认知。

　　本书重点讲解了人工智能与各领域融合催生的新业态,包括智能制造、智能教育、智能金融、智能营销、智能医疗、智能文娱、智能农业、智能生活,不仅详细讲解了人工智能给各领域带来的变革,还指出了不同领域的发展趋势,为企业布局人工智能提供指导。

　　本书富有逻辑,语言直白,理论结合实践案例,深入浅出地讲解,能够使读者了解、学习人工智能相关知识。

　　总之,读者通过阅读本书,可以快速对人工智能及其应用有所了解,从而更好地适应人工智能时代。从理论、方法到各行各业的案例,本书全面讲解了人工智能如何对产业应用与场景赋能,值得人工智能爱好者与从业者阅读。

作　者

2023 年 10 月

目　　录

第一章

AI 革命：用技术走进现实

科技的发展使得 AI（artificial intelligence，人工智能）受到越来越多的关注，但大多数用户对 AI 的认知仅停留在表层，缺乏深入了解。本章介绍 AI 的价值、AI 的发展程度和 AI 的必要性，帮助用户构建对 AI 的认知。

第一节　AI 的价值

AI 是一个庞大而复杂的概念，很多用户对其不太了解。下面将从 AI 的优势、神经网络推动 AI 发展、AI 是否有自主意识三个方面出发，帮助用户初步了解 AI。

一、AI 的优势

AI 在多个行业得到广泛的应用，逐步走进用户的生活，为用户提供了许多便利。AI 具有图 1-1 所示的四个优势。

图 1-1　AI 的四个优势

1. 有效节约人工成本

AI 在工作过程中能够不依赖人工,独立地运行,成为工作中的重要生产力,有效节约人工成本。同时,AI 可以取代许多重复的工作,如发送邮件、核对文档等。

2. 提高工作效率

由于 AI 不会感到疲惫,因此可以胜任长时间的工作,避免个体因素对工作造成影响,提高工作效率。同时,AI 能够依据算法与收集的信息进行决策,能够达到更高的数据精确程度。

3. 加强质量管理

AI 应用在产品生产中,能够提高设备的自动化程度,帮助企业生产高质量产品,提升用户满意度。许多企业还在设备系统中添加了预测功能,能够根据数据的变化预测设备能否正常运行,加强质量管理。

4. 加速创新

在当前产业结构全面升级的环境下,AI 能够促进技术创新,推动企业实现可持续发展。AI 加速创新体现在多个方面,例如,AI 利用遥感与卫星图像分析技术检测气候变化,当遇到极端天气时可以及时采取措施。

总之，AI 具有广阔的应用前景，能够在未来更好地服务用户，为企业创造更多经济价值。

二、神经网络算法工作原理

神经网络算法能够利用计算机模拟人脑的神经网络，执行复杂的任务，提升 AI 的自主学习能力，推动 AI 的发展。

神经网络是一种算法模型，由许多节点相互连接组成。各个节点的工作流程是接收一组数据，处理后生成输出值，输出值又会进入下一个节点等待处理。神经网络算法可以通过不断训练对模型的预测精度进行优化。神经网络有三层，即输入层、隐藏层和输出层，分别负责数据的输入、数据的处理、数据的输出。

神经网络算法在 AI 领域的应用十分广泛，主要有图像识别、语音识别和机器翻译。

（1）图像识别。卷积神经网络能够对图像的基本特征进行学习，常用于图像识别。卷积神经网络主要由三个层面构成，分别是卷积层、池化层和全连接层。卷积层能够提取图像的局部特征，池化层能够降低图片参数量级，全连接层负责输出图像识别的结果。

（2）语音识别。神经网络算法可以根据得到的音频进行声音识别，需要用到循环神经网络、长短时记忆等模型。

（3）机器翻译。机器翻译的工作原理是对输入的句子进行处理，并翻译成目标语言。神经网络算法可以通过上下文的内容进行预测并输出。

总之，神经网络算法广泛用于 AI 领域，催生了许多新技术。随着技术的不断发展，神经网络算法将会为 AI 的发展作出更多贡献。

三、自主意识

随着大模型的发展，AI 聊天程序 ChatGPT（chat generative pretrained transformer，生成型预训练变换模型）横空出世，在对话、文本智能生成等方面展现出巨大价值。即便 AI 能够识别用户的语言、情绪并给出相应的回答，那也只是自然语言处理技术和计算机视觉技术的功劳，距离AI 具备自主意识还有很长的路要走。

2022 年 6 月，谷歌工程师莱克·勒莫因在社交平台发文称，谷歌人工智能 LaMDA（language model for dialogue applications，语言模型对话应用）已经产生自主意识。LaMDA 是一款由谷歌研发的对话模型，莱克·勒莫因是研发人员之一，他认为 LaMDA 具有自主意识，并为 LaMDA 争取"个人权利"。

谷歌工程师与 LaMDA 的故事引发了公众对"AI 是否有自主意识"的讨论。部分专家认为，判断 AI 是否具有自主意识，可以采取两种方法：一种是以人类意识作为参考物；另一种是对机器意识进行定义。

如果以人类意识作为参考物，那么需要考虑 AI 能否像人类一样进行信息整合。例如，当人类休息时，可以感受到拂面的微风、热烈的阳光，而AI 仅能感知风、阳光等单一元素。同时，AI 能否进行全面思考并作出决定也是判断其是否具有自主意识的标准之一。

如果对 AI 意识进行定义，首先需要明白意识的本质是什么。如果 AI 之间可以产生独立、灵活的交互，那么可以称作 AI 具备意识。也有研究人员认为，可以忽略 AI 的本质，根据其行为判断其是否理解事情的意义。

但对机器意识进行重新定义并不能证明 AI 具备自主意识，因为本质仍是基于数据进行的反馈，并不代表 AI 理解对话的意义。

AI 是否具有自主意识暂时没有定论，但是 AI 技术就如同硬币的两面，在带来便利的同时也存在风险。研究人员应该重视科技伦理，在技术创新与合规性之间寻求平衡。总之，人类与 AI 更偏向合作关系，各自具备独一无二的能力，只有共同合作才能够创造美好前景。

第二节　如今的 AI 发展到什么程度

AI 技术取得了很大进步，与 AI 有关的计算机视觉备受关注，搭载 AI 的智能机器人越来越火爆，AI 类融资层出不穷。许多企业都想在 AI 发展浪潮中抢占先机，获得更多红利。

一、计算机视觉备受关注

计算机视觉是 AI 的重要组成部分，与 AI 密不可分。计算机视觉可以以计算机代替人脑的作用，对视觉信息进行处理。

1. 计算机视觉的四个步骤

计算机视觉需要解决的重要问题是如何从图像、视频中提取有效信息。为了解决这个问题，计算机需要经历以下四个步骤：

（1）预处理。计算机将会对上传的图像进行处理，常用的预处理方法有滤波、直方图均衡化和归一化等。

（2）特征提取。这是计算机视觉的一个重要步骤。计算机将会对上传的图像进行特征方面的处理，将图像转化为具有代表性的数据，这些数据将用于后续识别和分类任务的输入。

（3）识别和分类。这一过程将会用到随机森林、神经网络等机器学习算法，用以提高识别和分类的准确性。

（4）高级处理。高级处理指的是物体跟踪、场景重现和图像语义理解等，这些高级处理可以使计算机对视觉信息了解得更加全面、深入，为实际应用提供更强大的支持。

2. 研究计算机视觉需要关注的内容

计算机视觉作为一种能够模拟人类视觉的技术，具有巨大的发展潜力，

将在未来为社会带来巨大变革。为了使计算机视觉更好地服务社会,研究者需要关注以下几个方面:

(1)保证数据质量和多样性。计算机视觉技术的发展离不开高质量、多样性的数据,研究者需要为其提供具有代表性的数据集,训练其泛化能力。

(2)算法创新。计算机视觉对算法的依赖性很强,需要不断对算法进行优化、创新,提高算法处理数据的速度与准确性。

(3)系统集成与优化。计算机视觉并不是独立应用,而是要与其他技术相结合。例如,计算机视觉需要与机器学习、传感器技术等结合。研究者需要考虑如何实现计算机视觉技术与其他技术的有效集成,达到提高整体系统性能的目的。

(4)伦理与法律问题。计算机视觉技术的持续发展可能会引发信息安全、知识产权等伦理与法律问题,有关部门需要完善相关法律法规,确保计算机视觉技术得到合法、合规的应用。

(5)人机协作。计算机视觉技术可以帮助用户解决他们无法解决的问题,而用户可以为计算机视觉技术的迭代提供训练数据。人机结合发挥彼此的优势,才能够谋求更大的发展。

在促进计算机视觉快速发展的同时,研究者需要关注计算机视觉在技术创新、伦理道德等方面存在的问题,为社会提供更多的价值。

二、越来越火爆的智能机器人

智能机器人是 AI 在机器人领域的应用成果之一。智能机器人具有内、外部信息传感器,能够感应声音、接触、光源等,还具有效应器,能够感知周围的环境,能力强大,应用场景众多。

智能机器人具有强大的语言处理功能、深度学习能力,能够高效地处理问题,并不断从过往的经历中吸取经验,提升自身,以适应更加复杂的工作。

智能机器人的强大能力使其愈发火爆，拥有广阔的应用前景，能够用于多个领域，如图1-2所示。

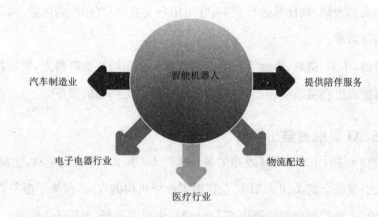

图1-2　智能机器人的应用场景

（1）汽车制造业。智能机器人能够代替工人在低温、高温等恶劣环境中完成危险、复杂的工作，包括装配、操作、焊接等。智能机器人能够在提升工作效率的同时，保证产品质量。

（2）电子电器行业。电子电器行业对智能机器人的需求逐年上升。电子电器行业需要智能机器人完成触摸屏检测、擦拭、贴膜等精细化动作，因此需要机器人手臂和更高端的机器人参与。

（3）医疗行业。智能机器人在力度控制和操作精准度方面优于人类，能够解决医生因疲劳而导致手术精度下降的问题。经过有针对性的调试，智能机器人能够应用于骨科、神经内科、胸外科等临床领域。

（4）物流配送。在物流领域，智能机器人可以应用于冷链、供应链和港口等多个物流场景。借助AI算法和大数据分析技术，智能机器人可以进行路径规划和任务协同，高效完成货物上架、挑选、补货等任务；在配送方面，智能机器人可以代替人工在商超、酒店、餐厅、医院等场景为用户提供点到点的配送服务。

（5）提供陪伴服务。智能机器人可以通过语音辨识、情绪识别等功能对用户的面部表情、动作等进行识别，并与用户交互，提高用户的体验，满足用户的陪伴需求。

目前，苹果、微软、百度等知名企业都在积极布局智能机器人，智能机器人的智能程度将会进一步提升，能够为用户提供更贴心的服务。

三、AI 类融资层出不穷

2023 年初，由 OpenAI 发布的聊天机器人 ChatGPT 火遍全网，使得 AI 再一次引发公众的关注。AI 行业获得了投资机构的青睐，迎来了融资爆发期，其中，受到广泛欢迎的企业有 OpenAI、中昊芯英等，如图 1-3 所示。

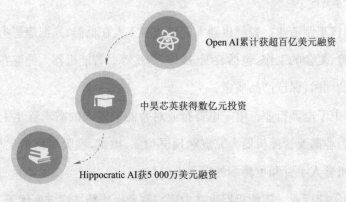

Open AI累计获超百亿美元融资

中昊芯英获得数亿元投资

Hippocratic AI获5 000万美元融资

图 1-3　获得投资的 AI 企业

1. OpenAI 累计获超百亿美元融资

OpenAI 是一家成立于 2015 年的企业，主要研究方向是 AI，以提高 AI 的能力为主要目标。自成立以来，OpenAI 吸引了许多投资者，获得了大量的投资。从 2017 年到 2023 年，OpenAI 完成了种子轮、天使轮、A 轮、B 轮等融资，总计融资金额超过百亿美元。投资者有红杉资本、基岩资本、微软等。其中，微软是OpenAI的主要投资者，对OpenAI的发展前景十分看好。微软于2019年与OpenAI展开合作，投资10亿美元，2021年再次投资10亿美元，2023年初再投100亿美元。

2. 中昊芯英获得数亿元投资

中昊芯英是一家成立于2020年的科技企业，主要致力于AI芯片研发。AI芯片能够为AI提供算力支持，因此，随着AI的火热而备受关注。中昊芯英在B轮融资中获得了由科德教育、浙大网新等投资机构投资的数亿元的资金。本轮的融资资金主要用于AI芯片的训练与计算集群的开发与应用落地。

3. Hippocratic AI获5 000万美元融资

Hippocratic AI是一家生成式AI企业，其基于AI技术，为医疗保健搭建了一个以安全为中心的大语言模型，希望能够打造一个面向用户的应用程序，该企业致力于降低用户医疗保健的成本，使医疗保健惠及更多用户。在投资机构General Catalyst和Andreessen Horowitz的共同牵头下，Hippocratic AI完成了高达5 000万美元的种子轮融资。

AI领域融资成功的事件层出不穷，融资金额高达千万美元，甚至数亿美元，这反映了AI发展势头良好。随着AI技术不断发展，将会有更多资本注入AI市场，为AI的发展提供强大的资金支持。

第三节　深入了解AI很有必要

AI作为前沿科技，在快速发展的同时也引起了用户的担忧，用户需要对AI进行深入了解，了解AI威胁论、深度学习如何支持AI发展和AI如何才能"有用",以消除对 AI 的担忧。

一、你认可 AI 威胁论吗

随着 AI 越来越智能,人类在享受 AI 带来的便利的同时,也担心 AI 会具有自主意识,脱离人类的控制,对人类产生威胁。对于 AI 威胁论,我们需要辩证地看待,既要看到 AI 的优点,也要看到 AI 的缺点。

AI 确实会对人类的生活产生影响,甚至威胁人类。例如,对于一些重复性的、没有技术含量的工作,AI 可以取而代之。钢铁行业,需要工人在码头进行巡检,但是人工巡检灵活性差、耗时长。AI 可以节省巡检时间,仅用 20 分钟就能完成巡检,提高了巡检效率,节约人工成本。

在一些危险行业和需要微操作的工作中,AI 可以发挥更大的作用。例如,煤矿行业具有生产风险高、故障风险高等特点,十分容易发生安全事故。为了进行风险防范,矿井中需要安装摄像头,对井下设备、电力系统等进行监控,避免事故的发生。研发人员将 AI 应用于煤矿行业,研发出了热成像 AI 检测系统。热成像 AI 检测系统可以通过温度对目标进行识别,当工作人员遇到危险时,系统可以及时发现目标。同时,当热成像 AI 检测系统发现异常时,还能够及时向管理中心发送信号,以便管理中心及时采取应对措施。

从取代部分工作方面来看,AI 确实会对部分人类产生威胁,但并不会像科幻影片那么夸张,对整个人类社会产生影响。AI 具有自主意识,才有可能对人类产生威胁,但目前来看,距离 AI 具有自主意识还有很长的路要走。

AI 的发展是必然趋势,我们应该在推动 AI 发展的同时对 AI 进行监管,保障人类的安全。

二、AI发展离不开深度学习

深度学习是AI进一步发展、能力得到提升的关键技术。深度学习是一种在神经网络的基础上构建的学习方法，能够从大量数据中获取技能，并用于完成任务，包括图像分类、语音识别等。

深度学习模型具有多层神经网络结构，能够自动提取输入数据的抽象特征。随着深度学习模型层数的增加，抽象特征将会变得更加抽象与高级。

深度学习模型采取反向传播算法进行训练，能够将预测结果与实际结果进行比较，并根据比较数据调整，使预测结果与实际结果更接近。深度学习模型的训练需要大量的数据，并且经过多次迭代才能够达到最佳性能。深度学习的应用场景众多，已经渗透用户生活的方方面面，如图1-4所示。

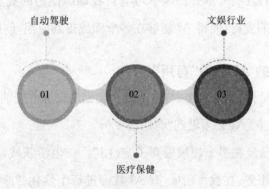

图1-4 深度学习的应用场景

1. 自动驾驶

深度学习可以用于自动驾驶汽车的感知，对周围环境进行识别，收集对车辆行驶有用的信息。深度学习也可以用于自动驾驶过程中的决策，对当前情况进行分析并作出决策。

2. 医疗保健

在医疗保健领域，深度学习可以用于图像分析、病理诊断等。例如，研究人员曾经将图像识别技术应用于检测黑色素瘤,检测结果的准确度很高。研究人员还能够借助神经网络技术识别痣和可疑病变。

3. 文娱行业

在深度学习的帮助下,内容平台可以对内容的流量进行预测,从而作出科学、合理的 IP 投资采买决策。流量预测模型的参考维度众多,包括内容热度、社会舆论、粉丝群体等,题材、角色、宣传发布平台等也是其重点考虑的因素。

自我训练也是影响 AI 发展的重要因素之一,指的是机器学习系统通过不断与环境进行互动,学习新的知识与技能。例如,AlphaGo 之所以棋艺精湛,是因为其在与人类棋手的对战中不断学习,不断提高实践能力。

总之,AI 的发展离不开深度学习与自我训练能力的提高。技术为 AI 提供了强有力的支持,使得 AI 能够在各个领域得到应用,创造更多价值。

三、真正的 AI 必须"有用"

AI 的最终目的是为人类服务,帮助人类创造更加美好的生活。在这样的目的下,真正的 AI 必须做到"有用"。

目前,AI 已经在多个领域做到了"有用"。在生活领域,有智能家电为人类提供智能服务;在教育领域,有 AI 教师进行个性化教学;在游戏领域,有智能 NPC(non-player character,非玩家角色)丰富游戏体验。

在其他领域,AI 也能够为人类提供帮助。例如,AI 能够应用在医疗领域,对肺癌患者的病程进行智能化全程管理,辅助医生诊断。由于肺癌的潜伏期较长,往往发现时已是中晚期,因此死亡率很高。

肺癌的早筛查早诊断十分重要,而医护人员与医疗设备的紧缺和人们健康意识不强,导致早筛查早诊断很难实现,因此,医疗机构迫切需要新技术和新应用。在这样的情况下,有关科技公司利用 AI 技术打造了肺癌患者智能全程管理平台，能够通过智能算法对患者的CT影像进行自动识别，完成肺结节的筛查。

在完成筛查后，该平台能够自动判断结节是良性还是恶性，并给出诊断报告。如果是恶性结节，该平台将会给出临床建议，并生成肺部的三维模型，为医生提供手术规划与手术路径，覆盖肺癌筛查、诊疗的全过程。

目前，该平台已经在多家肿瘤医院落地应用，临床应用效果很好。在该平台的助力下，医疗机构的诊断效率得到提高，并有效降低了漏诊和误诊率，医护人员工作效率进一步提升。

随着科技的发展，AI的能力会更强大，将会应用于医疗领域的其他方面，提早诊断疾病，挽救更多人的生命。

第四节　相容相生

随着AI的实力愈发强大，许多人都会担忧AI是否会取代人类的工作。下面将从硅基生命与碳基生命之间的对比、AI最可能取代哪些工作、AI趋势下的商业变革三个方面入手，分析AI的利与弊，引导读者正确看待AI。

一、硅基生命与碳基生命之间的对比

碳基生命指的是以碳元素为有机物质基础的生物，目前，地球上现存的已知的生物都是碳基生命。硅基生命是与碳基生命相对而言的、以硅元素为有机物质基础的生命。硅基生命与碳基生命作为两种不同生命体，它们之间存在怎样的差异呢？

从自身构造来说,硅元素比碳元素的原子半径更大,能够形成较长的化学键,稳定性较强,具有耐受性。与碳基生命相比,硅基生命在恶劣环境中存活的概率更大。同时,硅基生命可能比碳基生命的耐腐蚀性更强,能够在恶劣环境中长期存活。

在 AI 领域,硅基化合物可以用于打造智能机器人,通过在智能机器人身体中安装硅基传感器,智能机器人能够更好地感知信号。

在伦理方面,硅基生命比碳基生命更容易出现伦理问题。硅基生命可能会将生命看作工具,摒弃伦理观念,而以人类为代表的碳基生命更加重视伦理观念。

无论是硅基生命还是碳基生命,都是生态系统中不可或缺的一部分。我们应该客观、辩证地看待这两种生命,合理利用,创造美好生活。

二、AI 最可能取代哪些工作

AI 研究企业 OpenAI 先后推出了新一代聊天机器人模型 ChatGPT 和预训练大模型 GPT-4,标志着其在生成式 AI 方面取得了极大的进步。而 AI 的快速发展,给人类生活带来很大影响,许多工作可能会被 AI 取代。

1. 技术工作

编程工作的技术性和专业性较强,短期内被 AI 取代的可能性较低,但随着 ChatGPT 这类 AI 应用的出现,将有极大的概率被取代。以 ChatGPT 为代表的 AI 应用具有强大的数据处理能力,能够提高编程的准确性。

ChatGPT 生成代码的速度比人类更快,这意味着一项编程工作不再需要过多的员工。一项需要整个团队完成的任务,在 AI 的辅助下只需要很少的人便能完成。

2. 传媒工作

ChatGPT 能够通过学习大量的文本数据智能生成文本,可以用于新闻资讯、小说创作等领域，因此，广告文案策划、新闻稿撰写等与内容创作有关的工作都有可能受到 AI 的影响。在设置特定的写作模板后，AI 能够以比人类更快的速度完成写作任务。

例如，新华社利用 AI 写作技术生成新闻报道、第一财经推出了 DT（data technology，数据处理技术）稿王、谷歌利用 AI 生成策划文案、《南方都市报》推出了写稿机器人小南。其中，写稿机器人小南于 2017 年 1 月上岗，创作了一篇 300 字左右的春运报道。最初，小南只聚焦民生报道，随着 AI 写作技术的升级，其写作能力逐步增强，写作范围扩展到天气预报、财经等领域。

3. 财务工作

基于数据分析，AI 可以了解市场趋势，找出市场中拥有广阔发展前景的项目，并对投资结果进行预测。而 AI 处理数据的能力将会影响市场分析师、个人理财顾问等职业的工作。

4. 重复性工作

工厂工人、电话客服等职业，具有工作重复性高、机械性强等特点。目前，AI 已经能够进行机械劳作，还能够进行语音识别，并利用语言系统回答通用问题，因此，重复性工作很有可能被取代。

不可否认，AI 的快速发展将会给人类带来便利，但同时将会取代一些工作。AI 的发展势不可当，我们只有做好准备，努力提升自身能力，才能避免被 AI 取代。

三、AI 趋势下的商业变革

AI 技术的发展会对商业模式造成影响，以下是 AI 趋势下可能引发的商业变革。

（1）商业模式由数据驱动。数据是 AI 发展的重要因素之一，未来的商业模式将由数据驱动,企业会更加重视数据,利用数据进行分析,实现更加精准的产品生产、市场定位和品牌营销。

(2)商业模式偏向个性化定制。AI能够通过数据对用户的喜好进行分析,为用户提供个性化定制的产品或服务,提升用户的体验感。

(3)商业模式偏向智能化。AI能够提供智能化的服务,包括智能客服、智能机器人、智能营销等,企业通过智能化技术能够提高服务效率,并有效降低成本。

(4)商业模式偏向生态化。AI技术可以帮助企业构建生态圈,使企业以合作的方式获得更多利益。

(5)商业模式偏向人机协作。AI能够实现人机协作,提高工作效率和质量。例如,智能客服已经在金融业得到广泛应用,但是当智能客服无法解决客户的问题时,就需要真人客服的介入,及时帮助客户解决问题。同时,智能客服可以为员工提供沟通培训、流程导航等服务,提升员工的能力,更好地进行人机协作,实现双方的共同进步。

总之,在AI趋势下,商业模式将会发生变革。企业将在数据的驱动下,实现产品和服务的个性化、智能化、生态化,更好地适应AI时代。

第二章

AI 全景解读：把握机会与面对挑战

AI 技术的快速发展与应用落地，能够为用户与企业带来许多好处，但是 AI 在发展的过程中将会面临商业、应用、行业三重挑战。在 AI 的发展过程中，既有机会也有挑战，企业需要保持良好的心态，把握机会，勇于迎接挑战，相信 AI 的发展前景是光明的。

第一节　AI 时代，机遇何在

AI 时代拥有许多商机，头部企业自然不会错过良好的机遇，它们纷纷布局 AI 领域，乘着 AI 的浪潮推出了许多 AI 产品与服务，提供了许多新岗位。随着 AI 技术不断优化、升级，AI 的发展前景将会越来越广阔。

一、企业出手，AI 发展持续加速

在 AI 发展的大趋势下，许多互联网前沿企业紧紧抓住机会，纷纷出手，布局 AI 领域。在它们的助力下，AI 发展持续加速，AI 市场爆发。

例如，微软创造了人工智能小冰。微软小冰是微软人工智能三条全球产品线之一，基于微软的情感计算框架，为人们提供一个能在任何场景和地

点与人工智能交流的机会。通过不断更新升级，小冰已经成长到第九代。全球范围内，小冰的用户数量已超过 1 亿，产生的对话数据已超过 300 亿轮。

微软的一位高管表示："小冰是一个聊天机器人，但又不只是一个聊天机器人。聊天只是用户的一个体验，我们产品设计理念的真正核心在于打造一个情感计算框架，同时拥有许多生存空间、辅助设备及相关设备，令小冰能够与人类在任何地点及场景进行交流。"

成长至第九代的小冰开始与硬件设备相结合，从最初的情感陪伴角色转向家庭生活助手的角色，在新的领域更智能地进行人机交互。

此外，阿里巴巴也向 AI 领域进军，而且已经取得了不错的成绩。阿里巴巴的目标是成为 AI 行业的领导者，希望提升云存储以及云计算的超强服务能力，为用户带来更多的便利，从而提升自身的价值，获得更长远的发展。为了达到这样的目标，阿里云开始支持并学习前沿科技企业的深度学习框架。例如，学习谷歌的 TensorFlow（符号数学系统）和亚马逊的 MXNet（深度学习框架）深度学习技术。

另外，阿里巴巴重金打造了达摩院。达摩院旗下设有诸多新兴技术研究团队，AI 技术是重中之重。目前，阿里巴巴在智能音箱领域已经打造出了天猫精灵，能够为人们的生活提供便捷的服务。

在 AI 领域，腾讯也积极布局，借助亿万用户的海量数据以及自身在互联网垂直领域的技术优势，广泛招揽全球范围内的顶尖 AI 科学家，在 AI 机器学习、AI 视觉、智能语音识别等领域进行深度研究。

目前，腾讯在 AI 领域已经孵化出了机器翻译、智能语音聊天、智能图像处理以及无人驾驶等众多项目。在智能医疗领域，腾讯觅影能够借深度学习技术，辅助医生诊断各类疾病，取得了非常不错的成绩。

二、出现新产业，创造新岗位

AI 的火热发展能够提升社会生产力，创造更多经济效益。同时，AI 的崛起能够催生许多与之相关的产业，从而创造新的岗位，为用户提供更多职业选择。

第一，AI能够创造新职业和新岗位。现在的一些与数字技术相关的新兴职业在过去并不存在，比如与数据、算力、算法相关的一系列岗位。具体来说，数字化管理师、物联网工程师、云计算工程师、大数据工程师、AI工程技术人员等都是新技术开发过程中衍生的新兴职业。每一种职业背后都是庞大的就业人群，以"数据标注员"这一职业为例，在我国，从事这一职业的全职工作者达到10万人，而从事兼职工作的人群规模接近100万人。

第二，AI能够为传统行业带来新的任务。在传统的医疗、教育等行业中，以AI技术为支撑的在线智慧医疗、智慧教育等应用已实现大范围覆盖。由AI承担这些传统行业中重复性、机械性的简单工作，劳动者则通过自身经验的积累，奔赴更具创造力的工作岗位。

第三，我们还要充分重视那些无法被AI取代的传统岗位的价值。例如，家政、育儿师、医疗护工、养老院护工等岗位很难被AI取代，尤其是在人口老龄化的背景下，养老院护工与医疗护工的市场十分火热。

而设计师、艺术家、作者等充满创造力的岗位同样无法被AI替代。2023年初，AI绘画突然出现在人们的视野中并掀起讨论热潮，许多由AI创作的画作十分精美，甚至毫无瑕疵，但是，AI绘画是建立在传统画师创作的画作的基础之上的，若是没有传统画师的画作，那么再"聪明"的AI也不能独自创造出作品。总之，人类无穷的想象力与创造力始终是AI无法拥有的。

因此，我们不仅要认识AI带来的全新行业与岗位，积极促进AI的发展以提升就业率，还要始终保持自身的创造力与想象力，重视那些难以被AI取代的传统岗位的价值。

三、数据标注行业获得新发展

现阶段，实现AI主要以机器学习，尤其是深度学习方式为主。在实际应用中,无论是采用有监督学习模式,抑或半监督学习模式,对标注数据均有很强的依赖性。吴恩达先生在"二八定律"中对数据对于 AI 的重要性有着更直观的描述:80％的数据＋20％的模型＝更好的 AI。

IDC(internet data center,互联网数据中心)统计数据显示,全球 85％的受访企业表示数据准备费用已占 AI 开发总投入的 50％以上。目前,国内基础数据服务市场规模已达数百亿美元,且保持每年 50％以上的增长速度。

在细分场景,数据标注成为自动驾驶的核心。"高精地图＋激光雷达"是当下自动驾驶的最优解决方案,3D 点云数据标注场景所占权重更高,相关标注需求迎来爆发性增长。然而,与指数型增长的市场需求相对的是行业落后的数据生产力。数据生产工具效率低下、生产成本高涨、数据资源缺乏复用渠道,以及依赖人力导致无法实现规模化量产等问题,已在事实层面阻碍 AI 产业进一步发展与创新。

数据标注行业当前的核心矛盾,是线性增长的数据供给与指数型增长的数据需求之间的矛盾。未来,数据标注行业将如何发展?

在数据需求呈指数型快速增长的背景下,单纯堆积人力的方式已无法有效解决成本控制与产出效率的行业痛点。无论是纯视觉感知方案,抑或"高精地图＋3D 点云激光雷达"方案,感知能力的提升均离不开大规模路测数据。兰德公司对路测数据规模的预估是:自动驾驶车辆需要在真实或虚拟环境中至少进行 177 亿公里测试,不断利用新数据调优算法,才可以证明自动驾驶系统比人类驾驶员更加可靠。

此外,随着感知技术与计算平台的逐渐成熟与趋同,影响高阶自动驾驶落地的关键因素不再是解决一般常见案例,而是解决"路口"问题,即各类不常见但不断出现的"长尾问题"。

从趋势上看,数据标注行业在经历 10 余年野蛮生长后,朝着自动化、精细化的方向转变。一方面，"人工—半自动化—自动化"的演进方式将成为行业发展主流，减少对人力的依赖将成为行业创新的主要路径；另一方面，无论从科技行业的发展趋势来看，还是从 Scale AI 73 亿美元估值的角度来看，数据标注行业终将呈现高度集中状态，将由 1～2 家企业主导整个行业，这对企业产品技术壁垒提出了更高的要求。

目前，国内数据标注行业已呈现明显的两极分化，大型重点客户基本上被头部数据标注企业瓜分，中小型数据标注公司逐渐出现掉队的情况。

以曼孚科技为例，作为行业领先的自动驾驶数据标注公司，曼孚科技以产品技术为核心竞争力，其旗下 MindFlow SEED 数据服务平台聚焦自动驾驶数据标注赛道，是国内较早的成体系、大规模商用的标注平台产品之一。历经多年积淀，该平台现已在数据处理，尤其是 3D 点云数据处理领域建立 6～12 个月的技术壁垒。在具体应用场景上，该平台提供全封闭测试、半封闭港口、高速公路、城市道路、智能座舱场景下的车辆行人、车道线、泊车、车路协同、点云融合、点云连续帧、点云语义分割等 100 多个 2D、3D 数据标注类别，全面覆盖自动驾驶各细分场景。

在数据标注产业发展的趋势下，数据标注员这一职业应运而生。数据标注行业里流传这样一句话："有多少智能，就有多少人工。"这句话在某种程度上道出了 AI 的本质。

事实上，现阶段提升 AI 认知世界能力的有效途径仍然是监督学习，而监督学习下的深度学习算法训练十分依赖数据标注员进行数据标注。如果说数据标注是 AI 行业的基石，那么数据标注员就是数据标注行业的基石。

2020 年 2 月，数据标注员被正式定义为"AI 训练师"，并纳入国家职业分类目录。AI 训练师这一新职业隶属于软件和信息技术服务人员小类，主要工作任务包括：标注和加工原始数据，分析提炼专业领域特征，训练和评测 AI 产品相关的算法、功能和性能,设计交互流程和应用解决方案,监控、分析、管理产品应用数据,调整优化参数配置等。

根据我国人力资源和社会保障部相关预测,随着 AI 在智能制造、智能交通、智慧城市、智能医疗、智能农业、智能物流、智能金融及其他行业广泛应用,AI 训练师的规模将迎来爆发式增长。

四、新基建实现提速,衍生新的发展机遇

近几年,新基建逐渐成为经济发展的增长点,推动社会经济不断向前发展。与传统基建相比,新基建的"新"体现在技术、模式、领域三个方面。在这样的背景下,我国对新基建进行了提速,加快推出了一系列新基建政策,将新基建与 AI、大数据等新兴技术进行深度融合,进一步赋能 AI 全面产业化,促进 AI 核心产业市场规模实现爆发式增长。

新基建时代 AI 有几大发展趋势,如图 2-1 所示。

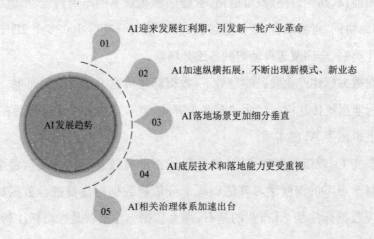

图 2-1　新基建时代 AI 发展趋势

1. AI 迎来发展红利期,引发新一轮产业革命

如今,传统经济动能日渐式微,面对经济下行的压力,传统产业转型升

级的诉求日益强烈。AI 被应用到生活、生产等多个场景，成为助力社会运转的中坚力量，展示出科技创新的强大动能。伴随着新基建的一系列政策的出台，经济新旧动能转化加速，AI 将迎来发展红利期，从而引发新一轮产业革命。

2. AI 加速纵横拓展，不断出现新模式、新业态

在新基建浪潮的影响下，大量的资本、人才、资源涌入 AI 领域，推动 AI 纵横拓展。在纵向上，算法、算力的突破使 AI 技术不断进步；在横向上，AI 与新、老产业加速融合，促进产业变革。技术和应用场景的双向发展，将强化 AI 的基础设施地位，加速其在生产、生活中的应用，从而催生新模式、新业态。

3. AI 落地场景更加细分垂直

利用 AI 技术解决各行业痛点问题，降本增效，是驱动 AI 商业化落地的根本动力。随着 AI 迈入成熟化发展阶段，一些通用化、浅层化的产品和服务逐渐难以满足各行业日益垂直化、专业化的赋能需求，因此，AI 需要向更精细化、高质量的方向发展，提升数据的量级以及复杂程度，用高质量数据优化产品和服务。

4. AI 底层技术和落地能力更受重视

数字经济的发展将加速 AI 全面产业化，而我国庞大的经济体量为 AI 在细分垂直领域的发展奠定了基础，再加上利好的政策和技术环境，AI 将步入"百花齐放"的发展阶段。同时，资本也将趋于理性，从关注热点概念转向关注应用落地，行业"泡沫"被清除，具备底层技术创新和落地能力的企业将备受资本青睐。

5. AI 相关治理体系加速出台

AI 的发展虽然为社会、经济、环境等创造巨大价值，但其背后也隐藏了一些不容忽视的风险，包括道德伦理、隐私保护、社会公平等问题。技术是一把双刃剑，不能任由其野蛮发展，只有出台配套的治理体系，才能保证相关产业健康发展。在 AI 带来新的发展机遇、为人们的生活生产提供便利的同时，市场对监管的呼声也日趋强烈，这势必加速相关治理体系的出台。

第二节　AI 时代，挑战何在

AI 在发展过程中面临三重挑战：一是商业挑战，AI 尚未实现大规模商业落地；二是应用挑战，没有被大量家庭接受；三是行业挑战，存在难以逾越的鸿沟。只有解决这三重挑战，AI 才能够畅通无阻地发展。

一、商业挑战：尚未实现大规模商业落地

经过多年的发展，AI 已经有了许多突破性的成果，获得了足够的技术储备。在这样的前提下，许多企业极力推进 AI 发展，致力于实现 AI 的大规模商业落地，为更多用户带来便利，但是 AI 的商业化之路并非一帆风顺。

在大数据时代，企业只有提升运行效率，为用户提供更完善的服务，才能满足用户的需求，而 AI 可以帮助企业更高效地开展业务。例如，媒体网站使用 AI 可以进行海量推荐，从而获取大量用户。以今日头条为例，在获取忠实用户方面，AI 起着不可忽视的作用。然而，在目前的市场上，只有少数企业能够通过运用 AI 技术获得回报。就目前的状况而言，AI 技术暂时无法实现规模化落地应用，原因有三个，如图 2-2 所示。

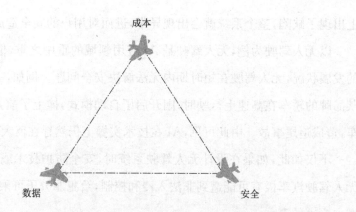

图 2-2　AI 技术暂时无法实现规模化落地应用的三个原因

1. 成本

AI 大潮的出现让人们看到了发展的机遇，众多企业纷纷投入大量资金用于 AI 研发，然而研发 AI 的成本很高，对于企业来说是一个沉重的负担，不少企业只能望而却步。

虽然研发 AI 技术时已经投入重金，但企业还需要添置一些 AI 设备，从而进行运维与升级。因此，除了研发成本，AI 的运营成本也是不可忽略的一部分，这是企业和用户需要共同面对的问题。AI 作为新兴事物，其设备相对来说较为稀缺，投入的运维费用要比普通设备高出不少。以家用机器人为例，无论用户租赁还是购买机器人，都要定期维修，而维修费用无论是直接买单还是间接买单，都是由用户承担，并且价格不菲。

也许有用户会觉得，这是因为目前阶段 AI 的技术还不够成熟，成本才会成为劣势条件。这个想法有一定的道理，在 AI 技术成熟后，确实有望降低部分成本，但其系统需要高精尖技术的支撑，最终成本不会降低太多，而且，在短时期内，AI 成本是无法降低的。

2. 安全

AI 作为一项还在发展中的新兴技术，在当前并不完善，如果 AI 在技术上出现了缺陷，整个系统就会出现异常，进而对用户的安全造成威胁。

以无人驾驶为例，无人驾驶是 AI 应用领域的重中之重，但是按照目前的发展状况，无人驾驶在短时期内无法解决安全问题。例如，一位车主驾驶某品牌的轿车在高速上行驶时，因开启了自动模式，撞上了前方的道路清扫车，造成追尾事故。由此可见，AI 在技术实操上仍然存在巨大的风险问题。

不仅如此，如果在设计无人驾驶系统时，安全防护技术或措施不成熟，无人驾驶汽车极有可能遭到非法入侵和控制，给犯罪分子可乘之机，做出对车主有害的事。

3. 数据

数据是 AI 发展的三大驱动力之一，可以说是 AI 发展水平的决定性因素，其重要性不言而喻。很多企业并不是以 AI 技术为核心发展动力，对于它们来说，数据是极其缺乏的，特别是细分领域的数据，更需要进行深挖。

普通用户的数据是比较容易获得的，只要经过简单标注就可以用于机器学习。普通人的数据就好像对某个颜色的辨认，不需要专业的知识，大部分用户都可以轻松辨认出来，然而，需要深挖的数据不是普通用户的数据，而是领域专家的数据。专家在任何领域都是比较稀缺的，其数据较少，但是非常专业。对于企业来说，获得这些数据的难度较大。

二、应用挑战：没有被大量家庭接受

AI 发展火热，但由于许多用户对 AI 的了解较少，对 AI 产品的认知度较低，在购物时他们更偏向购买已知的产品，因此 AI 产品的应用率较低，没有被大量家庭接受。

如果 AI 不能广泛走进普通用户的生活，进入更多家庭，那么其发展空间就会小很多，即使关于 AI 的话题再火热，其仍然会迎来泡沫期。为什么 AI 难以进入更多家庭？原因主要有三个，如图 2-3 所示。

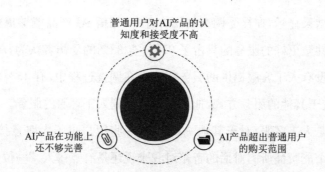

图 2-3 AI 产品难以进入更多家庭的三个原因

1. 用户对 AI 产品的认知度和接受度不高

咨询企业 Weber Shandwick（万博宣伟）曾经发布一份与 AI 相关的调查报告，该报告面向中国、美国、加拿大、英国和巴西 5 个国家的 2 100 名用户进行调查，主要调查内容是关于对 AI 的看法和前景预测。调查结果显示，用户对 AI 产品的认知度不高，具体见表 2-1。

表 2-1 用户对 AI 产品的认知度

用户对 AI 产品认知度	所占比例/％
了解很多	18
知道一点	48
一无所知	34

接受调查的用户中，有 18％的用户对 AI 产品"了解很多"，48％的用户表示"知道一点"，34％的用户对 AI 产品"一无所知"。根据这一调查，我们可以知道，真正了解 AI 产品的用户并不多，而对于不太了解 AI 产品或者对 AI 产品一无所知的用户来说，他们不太可能为 AI 产品消费。

在 AI 产品的接受度上，以人工服务为例，根据 Pegasystems 公司的一项调查，很多用户都不确定 AI 产品提供的服务能否像人工服务那样，甚至超越人工服务。

调查结果显示,在接受调查的受访者中,相信 AI 产品能够提供与人工客服一样甚至更好的服务的只占了 27%;有 38% 的受访者认为,AI 产品提供的服务没有人工客服提供的服务好。而在调查过程中,有 45% 的受访者表示,相较于其他的服务方式,他们更喜欢得到人工客服的服务。

不仅是人工客服,对于其他 AI 产品,一些用户也不太愿意接受。"给家里放一个能听懂所有对话的音箱对我来说还是有点瘆人。"一位受访者在接受关于智能音箱相关话题的采访时这样回答。除此之外,该受访者还表示,他的家人或朋友也从来没有想过要购买 AI 产品。

根据这些调查我们可以看出,在接受程度上,AI 产品还没有获得广大用户的认可。

2. AI 产品超出普通用户的购买范围

AI 面临的尴尬处境与其产品价格居高不下有一定的关系。从目前的市场状况来看,AI 产品宣传面向的群体主要是高端消费群体,大部分的应用也集中于各大企业。

AI 产品能够给用户提供便利,提升用户的生活品质,这对于普通用户来说是十分有诱惑力的,但是鉴于研发 AI 产品的成本问题,AI 产品的售价远远超出了大部分用户的购买能力,因此,对于普通用户来说,AI 产品仍然是无法触及的高端产品。

因为价格超过了用户的预期范围,所以 AI 产品很难实现普及化应用。AI 产品想要被用户普遍接受,实现价格大众化是必不可少的条件,但是从 AI 目前的发展状况来看,这需要很长一段时间才能实现。

3. AI 产品在功能上还不够完善

任何产品想要得到用户的认可,就必须满足用户的需求,这意味着 AI 产品要根据用户真正的需求进行设计,为用户提供完善的服务,这样才能真正打动用户。

然而，目前市场上很多 AI 产品都存在"华而不实"的特点，即拥有一些强大的功能，但是并不实用。于是，AI 产品就成了"叫好不卖座"的一大代表产品。

基于以上原因，AI 技术难以得到广大用户的认可，AI 产品也难以走进更多家庭。

事实上，虽然 AI 产品能够给用户带来许多便利，但是对于普通用户而言，他们还是比较关心 AI 产品能够提供哪些比较实用的功能，而 AI 产品超前的控制功能并不能让普通用户感到满意。总之，一般对 AI 产品有需求的用户会首先考虑 AI 产品的实用性，这是大部分 AI 产品目前所不具备的。

尽管出于诸多因素 AI 产品在目前很难走进更多用户的生活，但不可否认的是，AI 产品有很大的应用价值，其发展前景是很广阔的，甚至拥有能够影响时代发展的力量。

三、行业挑战：存在难以逾越的鸿沟

AI 技术的发展尽头是与各行各业融合，促进产品智能化，推动企业发展，但是在 AI 发展的过程中，存在难以逾越的鸿沟，而 To B 领域是其难以突破的重要领域之一。

To B 领域即 To B 端，是企业与企业之间的一种商务模式，即在交易过程中，甲、乙双方都是企业。在 To B 领域中，最具代表性的应用之一就是阿里巴巴的电商平台，该平台给采购和供应双方提供了一个交易平台，推动供应链电商体系形成。

To B 领域是 AI 落地应用的一个主要场景，然而从 AI 目前的发展阶段来看，AI 想要突破 To B 领域的重重障碍，还有很长的一段路要走，其原因有三个，如图 2-4 所示。

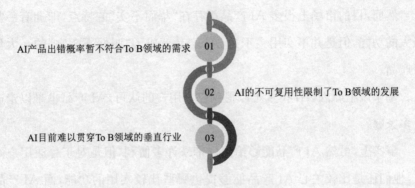

AI产品出错概率暂不符合To B领域的需求 01

02 AI的不可复用性限制了To B领域的发展

AI目前难以贯穿To B领域的垂直行业 03

图 2-4　AI 在 To B 领域的障碍

1. AI 产品出错概率暂不符合 To B 领域的需求

"只要技术足够先进，就能在市场上所向披靡。"这是很多企业在经营时所信奉的原则，然而，在深入了解 To B 领域后，这个固有的认知会被打破。

对于大部分 To B 企业来说，先进的技术固然重要，但是还有比技术更重要的因素，如产品的稳定性、产品能否有效支撑更大的用户规模等。

对于用户来说，如果 AI 出错的可能性只有 1％，那么他们还是乐于尝试这种新兴技术的，但是，对于 To B 企业来说，1％其实是一个极高的出错概率，试错成本使得许多 To B 企业望而却步。To B 企业把产品的稳定性和安全性看得十分重要，而 AI 产品目前无法实现。

此外，对于 To B 企业来说，因为产品出错而替换或者整改流程，要远比用户更换一款产品更加困难。大多数 To B 企业的产品背后，都连接着一个大型后台。如果要更换产品或者整改流程，那将会涉及 To B 企业的很多部门，这不仅会影响系统流程的协同发展，还不利于后台整合。

因此，To B 领域在接纳一个新兴事物时，比起高精尖的技术，更需要一款试错成本低、稳定性强、能够支撑大规模用户的产品。

2. AI 的不可复用性限制了 To B 领域的发展

To B 领域对数据的需求很大，根据这一需求，不少 AI 企业都瞄准了

To B 领域。例如，深圳某 AI 企业是一家基于人才大数据的职场资讯企业，其一直尝试如何通过 AI 学习人的行为轨迹，从而对学习数据进行分析。在 AI 具体的落地应用上，该企业选择了两个与 To B 领域相关的行业：企业招聘和法律顾问，该企业曾经尝试将企业招聘场景训练出来的 AI 体系应用到法律顾问场景中，然而最后以失败告终。

这次尝试失败是因为该企业遇到了 AI 不可复用的难题，其 AI 系统不能兼容两个应用场景。

目前，AI 涉及的很多业务都是上游的任务、模型以及算法，为了将方案落实，AI 企业就要从更深层次考虑 AI 设计、系统和设备，这样不仅加大了成本投入，同时设计出来的 AI 方案是不适用于两种场景的，即不可复用。

而 To B 领域是企业与企业之间的交易，交易量庞大，需要有一种先进的技术对业务进行量化和复制，因为具有不可复用性，所以 AI 无法在 To B 领域普及。To B 企业操作起来仍然要经过大量的程序，最终导致 AI 难以渗入 To B 领域。

AI 技术在建立模型和算法方面有出色的表现，但是在判断层面能力不足，需要相关专家的指导和把关。AI 想要在 To B 领域实现场景迁移，就要在每一个场景与不同行业的专家进行合作，这样才能够与 To B 场景进行深度匹配。

3. AI 目前难以贯穿 To B 领域的垂直行业

从 To B 领域目前的发展状况来看，提高生产力和生产效率是其最大诉求。To B 企业需要完整的解决方案，而单一的技术无法满足企业的诉求。在这方面，英特尔公司就做得很好，不仅生产芯片，还提供与半导体相关的生产设备以及生产工具。

To B 领域的诉求要求 AI 贯穿所有垂直行业，但是，AI 目前还不够成熟，无法做到垂直整合，无法贯穿 To B 领域整个产业链。不仅如此，To B

领域的很多数据都难以用于 AI 应用研发,这无疑提升了 AI 在 To B 领域应用的难度。

AI 技术日新月异,但是仍有很大不足。To B 领域作为 AI 技术的重要应用场景,对 AI 的需求很大且很急迫,这就要求 AI 尽快建立独特的商业壁垒,突破行业障碍,从而在 To B 领域"大显身手"。

第三节　AI 时代,新生态怎样发展

随着 AI 技术的不断创新与应用,以 AI 为中心的新生态将会形成。聊天机器人程序 ChatGPT 的出现,Web 3.0 与 AI 的融合发展,企业在 AIGC 领域的布局,为 AI 生态的蓬勃发展提供了更多动力。

一、AI 能够在多个方面实现落地

AI 的快速发展将会给人类带来更多便利,如今,AI 能够应用于多个方面,包括写作、绘画等。

在 AI 写作方面,出现了 AI 机器人。例如,四川省绵阳市发生 4.3 级地震,中国地震台网利用地震信息播报 AI 机器人在 6 秒内便撰写出一篇 500 字左右的新闻报道;四川省阿坝州九寨沟县发生了 7 级地震,该 AI 机器人不仅在新闻报道中写出震源地地貌特征、天气情况、人口密度等内容,还自动为新闻配置了 5 张地震现场图片,整个撰写过程仅花费了二十几秒的时间;在地震后续的新闻跟进中,该 AI 机器人撰写并发布余震资讯仅花费了 5 秒左右的时间。

在 AI 绘画方面,用户可以使用 AI 画图。在使用 AI 绘画软件作画时,用户无须手动绘画，只需要在软件中选择自己想要的视角和风格，并输入关键词，AI 绘画软件便能够按照用户需求自动生成一幅高水准画作。AI 绘画凭借高超的技术水准和创作能力，逐渐成为主流艺术创作形式。

AI 能够应用于多个领域，生成文本、图像等内容，帮助用户减轻工作负担、提高生产力。

二、ChatGPT 将成为 AI 的下一个范式

2022 年 11 月 30 日，AI 研究公司 OpenAI 推出了新一代聊天机器人程序 ChatGPT。ChatGPT 不仅是 AI 处理文本的新研究与新突破，还使用户关注其背后的 AIGC（artificial intelligence generated content，人工智能生成内容）技术，掀起 AIGC 热潮。

AIGC 是利用 AI 生成内容的新型内容生产方式。AIGC 不仅能够识别各种语义信息，还能够进一步提升内容生产力。让 AI 学会创作绝非一件易事，科学家曾做过诸多尝试。起初，科学家将这一领域称为生成式 AI，主要研究方向为智能文本创建、智能图像创建、智能视频创建等多模态。生成式 AI 基于小模型，这种小模型需要通过标准的数据训练，才能够应用于解决特定场景的任务，因此，生成式 AI 的通用性比较差，难以被迁移。

同时，由于生成式 AI 需要依靠人工调整参数，因此很快被基于强算法、大数据的大模型取代。基于大模型的生成式 AI 不再需要人工调整参数，或者只需要少量调整，可以迁移到多种任务场景中。其中，GAN（generative adversarial networks，生成对抗网络）是 AIGC 基于大模型生成内容的早期重要尝试。

生成对抗网络能够利用判别器和生成器的对抗关系生成各种形态的内容，基于大模型的 AIGC 应用逐渐在市场中涌现。直到新一代聊天机器人模型 ChatGPT 出现，AIGC 才真正实现商业化落地。

　　ChatGPT 基于 GPT-3.5 参数规模和底层数据,对原有的数据规模进一步拓展,对原有的数据模型也做了进一步强化和完善,实现了人类知识和计算机数据的突破性结合。ChatGPT 通过自然对话方式进行交互,可以自动生成文本内容,自动回答复杂性语言。自推出后,ChatGPT 用户数量迅猛增长,成为火爆的消费级应用。

　　而在 2023 年 3 月 14 日 ChatGPT 的热度未减之时,OpenAI 又发布了新一代大型多模态模型 GPT-4,持续在该领域深耕,实现自我突破。和 ChatGPT 所用的模型相比,GPT-4 优势显著。

　　除了文本外,GPT-4 实现了处理图像内容的重大突破。GPT-4 允许用户同时输入文本与图像,并能够根据这些内容生成语言、代码等。在官方演示中,GPT-4 仅用了不到 2 秒的时间,就完成了网站图片的识别,生成了网页代码,并制作出相应的网站。GPT-4 还能够处理论文截图、漫画等内容相对复杂的图像,提炼其中的要点内容。

　　和免费对外开放的 ChatGPT 不同,GPT-4 采取付费模式,仅向付费用户开放,同时,其能够作为 API(application programming interface,应用程序编程接口)供各大企业使用,这些企业可以将该模型集成到自己的应用程序中。未来,伴随 GPT-4 应用的普及,将为企业发展提供更大助力,成为 AI 的下一个范式。

三、AI 与 Web 3.0 的"相爱"之路

　　在数字时代,许多新兴技术不断涌现,Web 3.0 与 AI 是广受欢迎的两个领域,二者的结合,能够促进技术升级,实现共同发展,为用户带来更多便利。

1. Web 3.0 的主要特点

　　Web 3.0 作为互联网发展的下一个阶段,将会引发一场全新的技术革

命。Web 3.0 主要有几个特点，如图 2-5 所示。

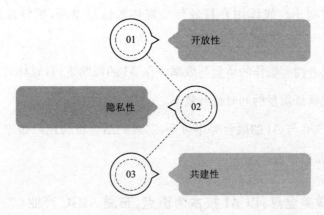

图 2-5 Web 3.0 的特点

(1)开放性。在 Web 3.0 时代，应用具有开放性，用户可以跨越不同的应用生态，不同应用之间可以实现互联互通。同时，借助 NFT（non-fungible token，非同质化通证）、合成资产等，用户可以将现实世界的财富融入 Web 3.0 世界。

(2)隐私性。用户掌握自己的平台数据，进行价值转移无须经过平台的同意。

(3)共建性。在 Web 2.0 时代，用户进行内容创作会受到平台审核、跨平台限制等多方面的掣肘。在 Web 3.0 时代，用户能够拥有更多的自由。

在 AI 领域，ChatGPT 的诞生、AIGC 成为全新的内容生产方式等，将 AI 的发展推到了一个全新的高度。AI 时代到来，为企业提供更多的生产方式。

2. Web 3.0 与 AI 融合的优点

以用户经常接触的自媒体为例，Web 3.0 与 AI 的融合，具有以下几个优点：

（1）能够打破信息垄断，实现信息的去中心化。Web 3.0 具有去中心化的特点，有利于自媒体用户打破传统媒体的信息垄断，更好地进行信息传播。

（2）提升内容创作的质量与效率。在 AI 的帮助下，自媒体可以批量生产内容，在保证质量的同时提升效率。

Web 3.0 与 AI 的融合势不可当，二者的结合将为用户带来更好的体验与更丰富的价值。

四、微美全息：以 AI 技术为重点，布局 AIGC 产业

AIGC 以强大的 AI 服务能力吸引了许多有实力的企业加入。微美全息作为一家专注全息 AR（augmented reality，增强现实）应用技术的企业，凭借在数字文创、AI 等领域的技术积累，紧抓 AIGC 发展机遇，持续发力，以 AI 技术布局 AIGC 产业。

微美全息深耕 AI 系统生态的完善与实用化，并以此打造自身的核心竞争力。为此，微美全息成立了科学院，探索全息 AI 视觉技术，研究创新性技术，已经成为全息 AI 领域的整合平台之一。

集成全息 AI 人脸识别、全息 AI 换脸、全息数字生命是微美全息具有代表性的三个技术系统。微美全息同样重视数字孪生这一颇具潜力的技术，探索基于数字孪生的智能生产新模式，并将其视为现实世界与虚拟世界融合的有效手段。微美全息将数字孪生应用到智慧城市、智慧交通等领域。例如，依据城市信息模型建立三维城市空间模型，能够对整个城市实行立体可视化管理，使智慧城市实现智能管理。

数字孪生的应用场景十分广阔，有望从新兴市场走向主流市场。微美全息与产业链上下游的伙伴合作，搭建了 AI 发展矩阵，为物联网、工业和

社区等多个行业开发数字化应用，紧抓数字科技革命和产业及社会管理变革的新机遇。

　　微美全息努力聚焦技术发展，赋能传统产业优化，让全新技术与现代生活深度融合，开发出一些有价值的应用场景。

第三章

AI 技术进阶：以融合之力开拓前景

AI 并不是独立发展，而是与各种技术融合，包括 5G、云计算、区块链和大数据等。AI 与这些技术相结合，能够相互促进、共同发展。

第一节　AI 与 5G 相结合

5G 在 AI 的发展中起到了重要的作用。5G 与 AI 作为两大重要发展领域，能够进行融合。具体来说，5G 能够为 AI 提供更加稳定的网络，AI 能够改善业务质量，二者共同进步、共同发展，形成智能自治网络。

一、AI＋5G＝智能自治网络

移动通信技术已经发展到第五代，即 5G。随着 5G 时代到来，许多新技术、新业务、新应用涌现，用户看到了互联网的美好未来，但 5G 技术在带来丰富运营场景、良好用户体验的同时，对网络运营有着更高的要求。5G 时代需要高度智能的自动化网络，而 AI 技术能够满足其需要，因此，AI 与移动网络的融合是 5G 发展的一个必然趋势，二者能够共同打造智能自治网络。

AI 不仅可以让移动网络具备高自动化能力，还可以驱动其自闭环和自决策能力，即形成智能自治网络。5G 智能自治网络需要基于云计算，构建 AI 和大数据引擎。

为了在不增加网络复杂性的基础上，实现形成智能自治网络的目标，运营商需要在网络架构上制造分层。从部署位置来看，越靠近上层，数据就越集中，数量越多，跨领域分析能力越强，能够为对计算能力要求很高、实时性要求较低的数据提供支撑；部署位置越靠近下层，则越接近客户端，其专项分析能力越强，时效性越强。从通俗意义上来讲，智能自治网络需要基于"分层自治，垂直协同"的架构来实现。

"罗马不是一天建成的。"建设真正的智能自治网络也是一个长期的过程。目前，全球运营商都已展开 AI 应用的深入探索，包括流量预测、基站自动部署、故障自动定位等，一些优秀案例不断涌现，但 AI 在移动网络中的应用也存在一些挑战。由于智能自治网络的业务流程与运营商的业务价值直接相关，因此运营商需要重新根据自身的组织架构、员工技术等限制因素定义工作流程，并权衡成本、评估潜在价值，最终确定核心的智能自治网络场景。

AI 驱动网络自治是 5G 时代的大趋势，它将给移动网络带来根本性变革。网络管理将由当前的被动管理模式逐步向自主管理模式转变。AI、5G 与物联网是全球移动通信系统协会提出的"智能连接"愿景的三个核心要素。其中，AI 与 5G 的融合发展，将给移动网络注入新的技术活力，并能促进这个愿景的实现。

在现实生活中，通过产业间的高度协同，AI 和移动网络这两项技术改变了全球用户的生活方式，而它们之间的交汇融合，必将重塑人类的未来。

二、5G 如何为 AI 赋能

5G 与 AI 都是重要的技术，二者相辅相成、相互促进：一方面，5G 能够为 AI 提供网络支持,拓展 AI 的应用场景;另一方面,AI 能够为 5G 提供智能算法,提升 5G 性能。

提及 5G 的概念,随之就能联想到 AI、大数据、物联网等技术,尤其对于 AI 来说,5G 的意义重大。AI 技术具备深度学习能力,能对存储或收集的数据进行整理、分析,并在这一过程与结果中吸收知识、经验不断进行自我学习。5G 对数据的高效传输,有助于 AI 的快速升级与发展。

我国人口众多,互联网技术较为先进,网民数量持续上升,而网民的信息大多掌握在科技服务企业手中。随着数据规模逐渐增加,数据传输与存储的压力也会随之变大,特别是在 AI 技术应用方面,对数据传输和处理有着更为严格的要求。因此,5G 网络通信对 AI 的发展尤为重要。

作为第五代移动通信技术,5G 具有高速率、大容量、低时延等优势。AI 在 5G 的影响下,能够提供更快的响应速度、更优质的内容、更高效的学习能力以及更直观的用户体验。可以说,5G 不仅提升了网络速度,还弥补了以 AI 为代表的新兴技术的短板,成为驱动前沿科技发展的新动力。

三、从"人随网动"到"网随人动"

随着移动互联网的普及,"人随网动"逐渐转变为"网随人动"。移动应用覆盖了用户的生活,包括阅读、搜索、购物等。在时代的浪潮下,企业应该做好准备,顺应时代发展,不断提升自身技术能力。下面将以与 5G、AI 联系最为密切的电信领域为例,讲述企业应该如何创造"网随人动"的新生态。

1. 重视人才储备

在现实社会中,AI 给企业带来的最大挑战并非技术,而是人才。AI 的发展很迅速,同时又涉及多个学科,企业要想培养一名优秀的人才,不仅需要耗费大量的精力,还需要投入大量的成本,以致 AI 人才不仅稀少而且聘用成本较高。因此,企业要想提高自身的核心竞争力,就需要将成本预算多向人才的储备与培养方面倾斜。

2. 做好文化建设

与人才储备与培养相同，企业文化的建设也相当重要。要想加入AI领域，企业需要对自身原本的流程进行重新设定，制订周密的AI文化计划，从而推动员工的进步和发展。在网络运维的过程中，企业要想加入AI与5G，需要耗费大量的人力、物力与财力，因此，如果没有企业文化自上而下的推动，无论是AI还是5G，都很难获得较大发展。

由此可见，5G与AI的关系是互相促进、互相作用、互相影响的。在两者的关系上，5G相当于基础设施，是信息与数据的"高速公路"，为庞大数据群的高效传输提供了可靠保障；而AI相当于云端大脑和能够完成学习和演化的神经网络。5G使万物互联成为可能，而AI赋予互联的机器设备智慧。二者的结合，将会引发整个社会生产方式和生产力的变革，推动社会发展到一个前所未有的高度。

从蒸汽时代、电气时代再到如今的信息时代，社会发展日新月异。而AI与5G的融合，将促使很多行业重新洗牌，医疗、教育、城市规划、金融等行业都将实现智能化。在这个智能化的时代中，充满着创新机遇，企业应紧抓机遇、直面挑战，实现更好的发展。

第二节　AI与云计算相结合

云计算是推动AI发展的重要动力，只有拥有动力，AI才能够持续发展。AI的智能程度与云计算的智能程度息息相关，云计算的进步离不开AI芯片的使用，二者结合能够相互促进。

一、发展过程：从 CPU、GPU 到 FPGA

AI 与云计算的结合，能够促进彼此的发展。云计算能力的提升能够推动 AI 性能的提高，而 AI 芯片性能的提升能够作为云计算发展的推动力。

AI 核心芯片的主流发展模式是利用人工神经网络技术模仿大脑的功能。化繁就简，到目前为止，计算机芯片共经历了三次演变，如图 3-1 所示。

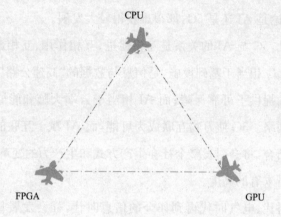

图 3-1　计算机芯片的三次演变

强大的 CPU（central processing unit，中央处理器），能够使计算机保持高速运行，但在执行具体任务的过程中，CPU 无法跟上 AI 的发展潮流。而且，传统的 CPU 不适合 AI 算法的执行，因为 CPU 的计算指令只是简单地遵循串行执行的方式，不能够充分发挥芯片的潜力。

在 AI 时代，企业必须改进 CPU 的性能或者创造新型的计算机智能芯片，才能够让计算机拥有超强的云计算能力。

GPU（graphics processing unit，图形处理器）的问世，有效地弥补了 CPU 的不足。因为 GPU 存在多个处理器核心，拥有更多的逻辑运算单元，所以能够同时处理多个复杂的数据，因此同样的程序在 GPU 系统上的运行速度会提高百倍，甚至千倍。而且，GPU 具有高并行结构，在处理图形数据和复杂算法方面拥有比CPU更高的效率。

从整体来看，GPU的发展经历了三个阶段，具体如下：

阶段一：1999年之前的GPU

此时的GPU功能较少，只是简单地从CPU中分离出部分功能，以实现运行系统的加速。在这一阶段，最典型的产品是GE研发生产的GPU，它能够对图像进行3D加工处理，实现系统加速，但不具备软件编程的功能。

阶段二：1999—2005年的GPU

这一阶段的GPU，在功能上实现了重大突破，它能够进行有限的编程，进一步提升计算机运行的效率，这一阶段的代表产品是2001年推出的GEFORCE3（精视）型号的GPU，它进一步分离出了CPU的部分功能，同时具有有限的可编程性。

阶段三：2006年以后的GPU

这一阶段的GPU已经发展成熟，能够直接编写程序。如今，谷歌、微软以及国内的BAT（百度、阿里巴巴、腾讯）都在研发应用GPU，它们借助强大的GPU，进行图片、音频以及视频文件的分析与整理，并进一步完善相应的功能。

2006年，有公司基于GPU推出了CUDA（compute unified device architecture，统一计算架构）。2010年伊始，它就开始广泛布局AI产品。2014年，该公司推出了第五代GPU架构——PASCAL GPU芯片架构。PASCAL GPU也是第一个为深度学习而设计的芯片架构，它能够支持主流深度学习框架。

FPGA（field programmable gate array，现场可编程门阵列）是对PAL（programmable array logic，可编程阵列逻辑）等可编程器件的完善与发展。FPGA内部，包含海量的、重复的CLB（configurable logic block，可配置逻辑模块）和布线信道等单元，这种设计使得FPGA的输入与输出不需要大量的计算,仅通过烧录好的硬件电路,就能够完成对信号的传输,因此,FPGA能够有效提升计算任务的效率与精准性。

在功耗方面,FPGA具有十足的优势,它的功耗比能够达到CPU的10倍,是GPU的3倍。功耗比的优势源于,FPGA中没有去指令和指令译码操作,这些操作会增加CPU和GPU的功耗。另外,FPGA具有高度的灵活性,为云计算功能的实现和优化留出了更大的空间。

二、未来趋势:云计算三大发展方向

人工智能将会推动云计算的发展,为其注入新的活力。在未来,云计算将会呈现三个发展方向。

1. 大数据赋能,运算能力成为新焦点

在移动互联时代,大数据成为一个热词,用户在互联网上的活动都会产生数据。例如,最近的浏览记录、往期的消费记录、消费物品的属性等。每个上网的用户都会产生许多类似这样的数据。随着互联网普及面的扩大,将会有越来越多的上网用户,随之而来的就是海量的数据。

人们的消费领域有很多,不仅涉及衣、食、住、行等基本生活领域,还涉及教育、医疗、金融、娱乐、文化等更高层次的领域。互联网上的数据纷繁多样、杂乱无章。

在AI时代,企业能够意识到数据的重要性,也致力于从各个渠道获取有效的数据,可是事与愿违,挖到的数据要么是虚假的,要么是凌乱的。如果要真正地运用这些数据,还需要经过系统的优化,而优化技术的提升与云计算能力有着密切的关系。

换言之,云计算系统运算能力的提升,将会是发展的新焦点。只有真正提高了运算能力,获取的用户数据更精准、更及时,企业才能够快速获得利润。

百度了解到众多中小型企业对运算存在疑惑，于是通过百度云发布了"天算"平台。"天算"平台借助先进的云计算技术，能够帮助企业高效地对用户的消费数据进行整理、分析，并根据用户的消费行为绘制用户画像，为用户智能推荐相关的产品，这样既方便了用户，也为企业带来了新的商机，提高企业的用户留存率，最终达到双赢的效果。

2. 用户交互方式多元，算法新升级

步入 AI 时代后，人机交互的方式更加多元化。用户不仅能够通过文字输入进行商品搜索，还可以直接输入语音或者上传图片进行相关产品的搜索。多元化的交互方式，必然产生多元化的数据。传统的算法只能简单地对文字与数字信息进行处理，不能对图片、语音以及视频信息进行高效的分析和整理。在新时代，技术的变革必然会促使算法进一步升级。

面对交互方式的新升级，为了提升用户的使用体验，百度通过百度云发布了"天像"系统。"天像"系统功能多元且强大，不仅能够高效处理用户提供的图片、文档、视频等多媒体信息，还能够提供"反黄服务"。例如，百度的深度语音识别技术 Deep Speech 2 在语音识别方面的准确率高达 97%，被《麻省理工科技评论》评为最具突破性的十大 AI 技术之一。在图片识别领域，百度的 Deep Image 能够高效识别图片内容，其中，人脸识别的精度高达99.86%。这样的产品问世，既能够提升百度的公众形象，又能够保证用户的身心健康。

3. 物联网崛起，云计算 AI 化

物联网技术不断发展，物联网领域的云计算有别于其他云计算。物联网领域的云计算重点在于标准化的管理规则，让智能设备能够统一接入、调度、检测各方面的数据信息。

物联网的发展离不开 AI 技术。在物联网领域，传统的云计算将被时代淘汰，它需要升级转化，需要进一步与 AI 结合，从而进化为 AI 云计算。

第三节　AI 与区块链相结合

区块链具有快速溯源、提质增效等优点，而提质增效也是应用 AI 的优点，这表示 AI 与区块链相融合，能够产生惊人的效果，提出更多有效的行业解决方案。

一、有了 AI，区块链无须过度消耗能源

区块链作为一种共享数据库，能够帮助用户加密数据，保障用户的数据隐私，但随着数字时代的来临，需要处理的数据量越来越多，需要消耗很多人力、物力资源。在这种情况下，兰卡斯特大学的数据科学专家开发出了一个 AI 系统，该系统可以用最快的速度完成软件的自动组装，能够极大地提升 AI 系统的运行效率。

这一 AI 系统的基础是机器学习算法。在接到一项任务以后，该 AI 系统会在第一时间查询庞大的软件模块库，如搜索、内存缓存、分类算法等，并进行选择，最终再将自己认为的最理想形态组装出来。研究人员给这种算法起了一个非常合适的名称——"微型变种"，该 AI 系统具有深度学习的能力，能够利用"微型变种"自动组装最理想的软件形态，能够自主开发软件。

该 AI 系统可以减少人力的消耗，并且可以自动完成软件的组装，这会减少数据处理中心的能源消耗。随着物联网时代的到来，需要处理的数据量迅速增加，数据处理中心的众多服务器也因此需要消耗大量能源，而该 AI 系统能够为数据处理提供新方式，从而减少能源消耗。

在 AI 系统的影响下，人类与数字世界交互的方式已经发生了颠覆性的变化。技术的发展大幅度提升了网络的安全性，加快了数据查询的速度。

可以说，技术创新是解决问题的根本途径。

AI在节省能源消耗方面的强大作用已经得到了证明。AI算法和区块链的共识机制相结合，能够有效减少区块链的电力和能源消耗。将AI算法应用于区块链的共识机制中，能够提高区块链的计算效率，从而节省电力和能源，其运算逻辑为：AI与共识机制结合后，采用分层共识机制，利用随机算法将所有节点划分为多个小集群并选出集群中的代表节点，再由这些代表节点进行记账权的竞争。和全部节点参与竞争的记账方式相比，这种新的记账方式更能减少能源消耗。

二、区块链催生个性化AI

区块链与AI都是热门的技术，二者的碰撞将会为用户带来更多惊喜。区块链能够为AI行业带来全新机会，催生出个性化AI。

例如，AI创业企业ObEN就将自主研发的AI项目与区块链融合，该企业在2017年"迪拜世界区块链峰会"上，凭借此项技术荣获创业大赛第一名，并获得了包括腾讯、艺术购物馆K11、SM娱乐公司等大型企业约2 500万美元的投资。下面我们将介绍ObEN是如何将其AI项目与区块链融合并在实际应用场景落地的。

在创立初期，ObEN就秉持为每个人打造自己的PAI（personal AI，个性化人工智能）的理念着手布局AI与区块链的融合发展。在他们的设想中，PAI不仅长得像使用者，并且基于语音识别技术，它说话的声音也会与使用者类似，在未来，它甚至还会拥有与真人类似的性格。

基于目前的研发阶段，该企业推出的是一个虚拟人像软件，拥有对话、唱歌、读书、翻译、发短信、远程控制家电、提醒日程等功能，并且，该企业还以艺术购物馆K11创始人为模型，发布了一个三维立体虚拟人物宣传视频，利用他的AI形象讲解艺术馆中的展品。

ObEN 为人们展示了一款充满惊喜与乐趣的高科技产品。然而，随着算法不断完善，云计算与大数据在信息处理方面面临一些挑战，其中最主要的挑战就是虚拟形象的版权问题。

社交行业对信任的要求极高，只有确认了人工智能背后是真实的人，用户才愿意付出时间与精力，因此，在众多与版权认证、精准溯源相关的技术中，区块链脱颖而出。ObEN 也曾尝试过其他多种认证方式，但这些方式均不具备公信力。只有区块链作为一个不可篡改、实时记录的共识网络，受到了大众的广泛认可。

总而言之，区块链可以视为一个诚信社区，通过端对端的实名认证，帮助每个用户都确保自己的个性化 AI 仅属于自己、是自己在数字世界的唯一映射，这也同样证明了区块链技术可以为个性化 AI 提供有效支撑。

三、数据共享模式出现巨大变革

AI 业务往往依据数据构建，因此，数据作为 AI 的核心，往往会作为一种独特的资产被独立存储，形成数据孤岛。而随着 AI 进入高速发展期，数据孤岛将会影响 AI 的发展，数据共享模式将会出现巨大变革。

而在区块链融入 AI 后，就能够很好地解决数据孤岛的问题。区块链能够保证数据传输的安全性和可追溯性，能够实现数据的大量传输。在区块链的助力下，AI 的数据共享主要体现在两个场景中，如图 3-2 所示。

企业场景　　　　　　　　　　生态系统场景

图 3-2　AI 数据共享的应用场景

1. 企业场景

借助区块链,不同企业的数据可以整合在一起,这不仅可以减少企业审计数据的成本,还可以减少审计人员共享数据的成本。在更完善的数据的支持下,企业能够开发出更完善的 AI 模型,这样的 AI 模型就像一个"数据集市",可以更加准确地预测客户流失率。

2. 生态系统场景

一般来说,竞争对手之间不会交换和共享数据。但如果一家银行获取了其他几家银行的合并数据,那么这家银行就可以构建一个更加完善的 AI 模型,从而最大限度地预防信用卡欺诈。此外,对于一条供应链上的多家企业而言,如果通过区块链实现了整条供应链的数据共享,那么当供应链出现问题时,企业就可以在第一时间明确问题来源。

无论是在不同的生态系统之间交换和共享数据,还是在每个个体参与全球规模的生态系统之间交换和共享数据,都是十分有价值的。在数据共享的情况下,可以改进 AI 模型的数据会更多,来源也会更广。

来自不同孤岛的数据合并后,除了可以产生更多数据集外,还可以产生更加新颖的 AI 模型。在这种 AI 模型的助力下,新的洞察力、新的商业应用会出现,以前完成不了的事情现在可以完成。

在进行数据共享时,企业还需要考虑一个重要问题——中心化还是去中心化? 即便某些企业愿意共享自己的数据,也不一定必须通过区块链实现。不过,与中心化相比,去中心化还是有比较多的好处。一方面,参与企业可以真正实现共享基础设施,无论是其中的哪一家都不可以独自控制所有的共享数据;另一方面,把数据和模型变成真正的资产不会再像以前那样困难,而且企业还可以通过授权其他企业使用来获取利润。

第四节　AI 与大数据相结合

AI 与大数据相结合,能够为各行各业带来颠覆性的变革。大数据能够为 AI 的发展提供数据支持,随着大数据产业规模的增长,AI 的发展速度将加快,二者的融合将给企业带来更多机遇与挑战,企业应紧抓机遇、直面挑战,以实现弯道超车。

一、大数据思维是 AI 时代的无形资产

随着数字时代的发展,数据的重要性进一步凸显,各行各业都离不开数据。数据的复杂程度、关联度不断提升,不同行业、不同渠道的数据需要整合,大数据应运而生,为企业带来商业价值。

大数据技术最重要的意义不在于挖掘出多少数据,而在于为人们解决问题提供了新的思维方式,即大数据思维。总体来说,大数据思维包括全样思维、容错思维和相关思维三个方面,如图 3-3 所示。

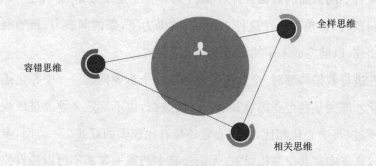

图 3-3　大数据思维的三个方面

1. 全样思维

与全样思维相对的是抽样思维。抽样是指在全部待测对象中抽取一部分样品作为代表,样品的特征即为全体对象的特征。在客观条件无法达到

的情况下，抽样是一种能得到较为正确结论的有效方法。

但由于抽样得出的结论无法代表全体对象的实际情况，有时还会因为样本不合适得出错误的结论，因此抽样的思维方式是在无法测量全体数据情况下的权宜之计。随着技术的发展，大数据能够实现对全体数据的存储和分析，因此不再强调抽样而采用全样思维方式。

2. 容错思维

抽样的方式只能体现全体对象的一部分特征，且结论的准确性与抽取样本的质量有极大的关系。样本上的一丁点错误，都有可能导致最终结论出现很大的偏差，因此人们对抽样的数据十分谨慎，采用各种统计方法尽量减少误差，但误差只能减少，无法消除。

在大数据时代，用于数据分析和计算的数据是全体数据，本身不存在抽样带来的误差，极个别数据出现错误不会影响整体结论的正确性，这就是大数据的容错性。

3. 相关思维

在大数据时代，人们不再追求精确的因果关系，而是追求数据间的相关关系，而这种思维的转变符合实际情况。在现实生活中，有些数据间不存在严格的因果关系，但确实是同时发生变化的，这就是相关关系。比如公鸡打鸣和太阳升起，这两件事就是最简单的相关关系。

在数据世界中，人们利用大数据对未来进行科学预测，就是在无数的事实中提炼出数据间的相关性。与因果思维相比，相关思维更符合大数据时代的要求——不必知道原因，只需知道可用。对于人们来说，这是一种思维方式上的冲击。

大数据思维是新时代精准营销、智能营销的关键。借助大数据技术，企业可以整合、分析全体用户的消费数据，而不再利用抽样的方式根据小部分用户的喜好推测所有用户的喜好，也不必担心收集到的数据有误。企业不必分析用户消费行为变化背后的根本原因，只需找出与之相关的现象。具有大数据思维，企业才能真正了解用户的实时动态变化，深入挖掘用户的真实需求，实现精准营销和智能营销。

大数据的发展不仅是技术上的推进，更是思维方式的改变。现在的数据量比以往增大很多，人们解决问题的思维方式和以往有所不同。大数据思维带来的思维方式的转变使精准营销和智能营销成为可能，从而引发营销行业的颠覆性变革。

二、AI与大数据推动行业转型

目前，AI与大数据已经成为企业数字化转型的关键因素，二者的融合能够催生更多的应用与商业模式。AI与大数据的结合，能够解决企业面临的痛点，提高企业的整体工作效率。

从AI与大数据的融合阶段来看，目前正处于爆发性增长的阶段，这给众多企业与投资商带来了发展机遇。同时，随着企业与新产品的数量不断增长，这两项技术也在各个领域不断渗透。

根据信通院发布的数据，我国AI企业大多分布在视觉、语音和自然语言处理等领域，其中视觉占比高达43%，语音与自然语言处理共占比41%。在目标市场中，"AI+"是传统企业转型升级所关注的重点。总而言之，在AI技术的发展以及百度、腾讯、阿里巴巴等的带领下，我国各个企业都争先依据自身的数据优势布局AI产业，以提高自身竞争力、抢占大量的市场份额。

在国际范围内，AI与大数据的融合也有着深远的影响。麦肯锡报告预测，AI与大数据的融合可在未来10年内为全球GDP的增长贡献1.2个百分点，为全球经济活动增加14万亿美元的产值，其贡献可以与历史上任何一次工业革命相媲美。

三、拓尔思：AI 与大数据相结合推动大模型落地

大模型指的是参数规模超过千万的机器学习模型，主要应用于语音识别、计算机视觉等领域。而 AI 与大数据的融合能够推动企业加快大模型研发，推动人们生活智能化。

例如，拓尔思是一家致力于研究人工智能与大数据技术的企业，在中文检索与自然语言处理等方面具有一定的影响力。在大模型方面，拓尔思利用 AI 与大数据技术推出了"拓天"大模型。

在具体场景中落地时，拓天大模型在质量、可控、时效和成本四个方面面临一些挑战。

在质量方面，由于对外提供服务，拓尔思必须保证拓天大模型的数据可靠，输出的数据准确。在可控方面，拓尔思必须保证两个方面的安全：一是保证大模型输出的内容安全；二是保证用户的隐私数据安全。在时效方面，拓尔思需要利用大模型解决大数据训练灾难性遗忘的问题。在成本方面，拓尔思需要控制大模型研发成本与应用成本，让更多企业能够负担得起使用大模型的费用。

拓天大模型是拓尔思多年技术研发的成果，帮助拓尔思积累了高质量的数据和知识资产。拓尔思将大模型技术与知识图谱、自然语言处理等技术相结合，训练出了优质、高效的拓天大模型。拓尔思拥有总量超过 1 500 亿的网络数据，为大模型研发和应用奠定坚实的数据基础。

拓天大模型具有 10 项基础能力、4 个创新点，发展前景广阔。与其他的通用大模型相比，拓天大模型具有显著的优势，例如，在自主可控、中文特性加强、专业知识加强等方面具有优势。拓天大模型能够与业务场景融合，推动生产力变革。

通用大模型在落地应用时往往面临一些挑战，如无法满足垂直领域的

需求,而拓尔思基于庞大的无监督训练数据和微调优化知识数据训练出的拓天大模型,能够满足垂直行业的需求。例如,在媒体行业,拓天大模型提供内容创作、搜索推荐等功能;在金融行业,拓天大模型提供智能风控与投研服务。根据不同行业的特征,拓尔思能够微调拓天大模型,打造垂直领域大模型,满足不同用户的不同需求。

为了进一步深化大模型研究,拓尔思与多家企业合作。例如,拓尔思与传播大脑科技(浙江)股份有限公司联合发布了"传播大模型",结合双方的优势进行业务拓展,实现大模型在媒体行业的落地。在 2023 年 6 月召开的"拓天大模型成果发布会"上,拓尔思与不同领域的多家企业进行现场签约,积极推动大模型技术在知识产权、智能客服等方面的落地应用。

虽然当下各类大模型层出不穷,但是语言大模型仍是大模型的核心,也是多模态大模型的基石。拓尔思将在未来持续迭代拓天大模型,使更多行业享受大模型所带来的便利,为更多企业带来商业价值。

第四章

智能制造：抓住制造转型新风口

　　AI与制造行业的结合催生了智能制造。当前，制造行业正在进行数字化转型，以智能机器人、自动生产线取代人工，而AI的加入无疑为制造行业的发展增添了活力。制造行业紧抓转型新风口，实现深度智能化。

第一节　AI崛起，智能制造势不可当

　　AI的崛起为制造行业赋能。借助AI技术，企业打造智能工厂，走向人机协同，推动行业实现全面升级。AI将会深入制造行业的各个细分领域，全面重塑行业，推动智能制造的发展。

一、关键点：信息化＋自动化

　　信息化和自动化是智能制造的重要特点，二者的融合，能够促进企业的发展与创新。在AI的助力下，许多企业积极打造自动化生产线，一些实力强劲的企业甚至借助AI技术打造智能工厂。

　　近些年，智能工厂已经成为全球工业的发展趋势，越来越多的企业为了保持和提升自身竞争力，都开始在这方面进行探索和尝试。智能工厂利用

AI、云计算、大数据、物联网等技术进行联网管理，这有利于打通各方资源，实现效率的提升。

智能工厂的核心是数据，企业需要考虑各个决策对数据的需求，将数据融入不同的环节，建立一个灵活的组织架构，促进不同环节之间的合作和协调。

例如，三星整理了所有与生产相关的数据，找到 2 000 个因子，并将其分成三类：产品特性、过程参数、影像。以影像数据为例，三星将多用于电影、游戏等商业性娱乐产业的 VR（virtual reality，虚拟现实）、AR 技术应用到实际生产中，解决了不同地区之间进行实时远程协同配合的需求。

另外，在 AI 方面，三星不仅对生产过程及产品进行全自动检测，还通过 AI 设备判断产品的质量。以卷绕工序为例，其主要检测项目有材料代码、长度、正/负极、隔膜、张力、速度、卷绕、短路、尺寸、速度等 159 个，三星采用高清摄像机对产品的外观进行查验，可以识别微米级的气泡，从而降低出错率，为用户提供最优质的产品。

三星还可以实现自动监控和智能防错，以避免人为失误与异常状况的发生。在自动监控方面，三星主要对现场环境、生产工艺、标准、设备等方面进行监控。以环境监控为例，三星会监控现场环境的温度、湿度、压差、洁净度等方面。

在三星的智能工厂中，中央系统会对现场环境进行 24 小时监控，通过探头自动收集数据。当现场环境出现异常时，中央系统会发出警报，风机和除湿等设备会在第一时间对现场环境进行调整，直到恢复正常。

有了智能工厂以后，三星的生产线布局周期大幅缩短，返工现象大幅减少，并有效降低生产成本，提高了生产效率。对于三星来说，这些都有助于提升效益和竞争力。

智能工厂的核心优势就是信息化和自动化管理，AI 系统不仅能够作出科学的生产决策，还能够贯穿原料采买、生产、质检、包装、物流运输、存储的全过程。有了 AI 技术的加持，企业能够大幅提高生产效率，保证产品质量，提高产品的竞争力。

二、人机协同是智能制造的核心

人机协同指的是人类与机器协作完成任务。未来，智能机器人将会完成制造领域的大部分任务，只有少数任务需要员工与机器合作完成。人机协同能够提升企业的生产效率，解放劳动力，企业可以将更多精力用于生产管理，因此，人机协同将会是智能制造的核心。

就现阶段而言，我国机器人产业还处于初级状态，未来的发展道路还很长。另外，机器人虽然能够保持工序完全一致，但是其应用只局限在大规模生产中，而且单位时间成本比较高。

例如，电器制造工厂引入机器人需要耗费百亿元，甚至千亿元，短时间内很难收回全部成本。大多数机器人仅能实现单一动作的重复，而一条能够满足多种电器生产需求的生产线对机械设备与控制系统的要求很高，企业需要投入巨大的资金、时间成本。

对于有精细化生产需求的企业来说，它们需要的是拥有完善的自我意识、能够进行准确辨识与灵活组合的机器人。

截至目前，机械臂是发展时间最长的一种机器人，而占据市场份额最多的四大工业机器人企业是发那科、安川、ABB 和库卡。

在生产机器人的过程中，虽然 70％的部件，如控制与视觉系统、马达等，我们都能做到自主生产，但是剩下 30％的核心部件，需要通过进口的方式获得。在这种情况下，企业必须进行生产技术升级，尽快研发出比机器人更加高级的智能机器人，实现人与机器协同工作的智能生产。

有了 AI，机器将从工具进化成为工人的队友。企业将越来越多地依靠机器来做某些工作，而工人可以集中精力去完成更高端、更重要的任务。人机协同的最终目标是把工人的优势与机器的优势相结合，以产生更强大的力量。在 AI 时代，这样的目标终将实现，人机协同的智能化程度会更高。

三、数字孪生技术为智能制造助力

数字孪生技术能够为制造业的智能升级提供助力。数字孪生是一种将现实世界镜像化到虚拟世界的技术，即依据现实中的物体创造一个数字孪生体。同时，现实物体与数字孪生体之间是相互影响、相互促进的。简而言之，数字孪生就是创造一个还原现实世界的虚拟场景，支持人们在其中进行各种尝试。

当前，数字孪生已经从概念走向实践。借助数字孪生技术，企业可以实时收集产品性能数据，将其应用到虚拟模型中。通过这种模拟，企业能够尽快明确产品的设计流程，测试相关功能，提升产品研发和生产的效率。例如，通用电气公司借助数字孪生技术让每个机械零部件都有一个数字孪生体，并借助数字化模型实现产品在虚拟环境中的调试、优化，从而调整产品方案，将更完善的方案应用于现实生产中，这不仅提高了通用电气的运行效率，还帮助其节省了调试、优化的成本。

能够实现模拟预测的数字孪生方案最早应用于工业自动化控制领域，之后随着数字孪生技术的发展，其应用逐渐扩展到企业数字化、智慧城市等更多领域。通过在虚拟世界映射现实世界，并对数据进行智能分析，企业可以实现相关业务的自动化、智能化管理。

在应用数字孪生技术的过程中，企业需要注意两点：

第一，数字孪生面向的不是静止的对象，形成的也不是单向的过程，其面向的是具有生命周期的对象，形成的是动态的演进过程，因此，数字孪生应用在工业场景时，生成的不仅有拟真三维模型，还有基于各种数据的动态演绎。准确地说，数字孪生不是形成一个单一的虚拟场景，而是展现一个数字孪生的时空。

第二，数字孪生不仅重视对现实世界的数字化重现，还重视拟真模拟背后的数据分析。数字孪生呈现的是一个动态的过程，这意味着其需要对海量数据进行分析。在此基础上，数字孪生不仅能够根据当前数据搭建相应的虚拟场景，还能够根据数据的变化模拟相应场景的变化。以数字孪生在工业制造中的应用为例，数字孪生不仅能够模拟产品的当前状态，还能够借助各种数据展现产品的不同迭代路径。

总之，数字孪生能够实现动态数字空间的打造，工业制造的诸多场景都可以复刻到这个数字空间中。借助各种数字模型，企业可以进行多方面的推演、预测，从而作出更科学的决策。

四、博世：以智能工厂提高工作效率

作为一家老牌公司，博世主要从事汽车与智能交通、工业技术等产业，能够为用户提供创新产品和系统解决方案。为了提高产品生产效率，进一步解放生产力，博世打造了名为"洪堡工厂"的智能工厂。

博世的洪堡工厂位于阿尔卑斯山脚下一个名为布莱夏赫的小镇里，以生产汽车刹车系统零件和汽车燃油供给系统零件为主。洪堡工厂并不是简单地用机器代替人工，而是实现生产的智能化、信息化、自动化，以及生产过程的透明化。

洪堡工厂的生产线非常特殊，上面安装了射频识别码，以便给每个产品贴上智能"身份证"，实现机器与机器的"对话"，让不同环节生产的零件无缝对接。每经过一个环节，读卡器会自动读出相关信息，并反馈到控制中心进行处理，从而实现自动化，提高生产效率。

洪堡工厂从四个方面实现工业 4.0：智能化原材料输送、国际生产网络系统、流水线自动跟踪系统、高效设备管理系统。

1. 智能化原材料输送

洪堡工厂的原材料输送系统已经实现高度智能化，信息登记、下达订单、订单确认和订单追踪等都可以通过射频识别自动进行。工人会把记录着相关信息的"看板条"夹到一个塑料夹里，然后再将其贴在盒子上，而塑料夹底部有一个射频识别码，即产品的"身份证"。之后，机器通过识别这些"身份证"就可以知道下一步的具体操作，最终完成生产。

在使用射频识别码后，洪堡工厂有效节约生产原材料，提高了生产效率，节约了大量资金。

2. 国际生产网络系统

在洪堡工厂中，国际生产网络系统是大数据和互联网在生产中结合的最佳体现。通过这一系统，博世在全球的 20 条生产线得到了高效管理。与此同时，国际生产网络系统会根据订单量的多少来安排工作进度，一旦出现问题，管理人员能及时发现并解决。

3. 流水线自动跟踪系统

洪堡工厂的生产线上设有自动跟踪系统，一旦生产线出现故障，该系统会及时把故障情况和原因反馈给总系统，总系统发送修正指令，生产线上的机器自动修正故障。如果故障超过系统的修正能力范围，自动跟踪系统就会将其反馈给技术人员，由技术人员负责修正。

4. 高效设备管理系统

在洪堡工厂中，高效设备管理系统可以实现生产设备的维修和管理。例如，汽车燃油供给系统零件的原材料是高强度塑料，需要在极端高温的条件下生产，因此生产设备经常出现严重损伤，为了保证生产质量和生产效率，必须经常维护和更换。

　　为了延长生产设备的寿命，最有效地使用生产设备，洪堡工厂给每一个生产设备都安装了射频识别码，利用生产执行系统储存和显示每一个生产设备的信息，这些信息能动态监督生产设备的运作情况、寿命、维护保养时间等参数，以便技术人员及时保养和更换设备，不影响生产过程，产生最大的经济效益。

　　博世整合了来自洪堡工厂的海量数据，对洪堡工厂进行全局性的生产管理，以及生产设备的性能预测。不仅如此，博世还在合适的时间执行相应的维护任务，这不仅节省了一大笔运营成本，还提高了生产效率。

第二节　方法：如何实现智能制造转型

　　智能制造能够给制造企业带来诸多好处，如节约成本、提高生产效率、变革管理模式等，但是实现智能制造需要制造企业作出多个方面的努力，包括改变传统经营理念、提供智能化的产品和服务、将用户的需求放在第一位等。

一、改变传统经营理念

　　当前已经进入信息化时代，企业应该积极调整自身发展方向，改变传统经营理念，以精细化的经营管理适应瞬息万变的市场环境，提高自身的核心竞争力。

　　在如今这个时代，生产制造仅依靠人的脑力和体力是远远不够的，还需要大数据的支撑。借助大数据技术，生产部门能够了解用户的结构、偏好以及消费行为，这样，生产部门的定价策略会更科学，产品能够在合适的时间与地点卖出合适的价格,为用户提供优质、精准、个性化的服务。

　　相较于传统的经营管理模式,AI 数据化经营管理将会使决策更科学,能够帮助企业优化采购计划、减少库存、获得更多的现金流,企业的抗风险能力会得到提高。新技术有着广阔的发展前景,但是新技术应用于生产部门的经营管理,实现精益化管理,并不是一帆风顺的,而是需要在四个方面取得突破,如图 4-1 所示。

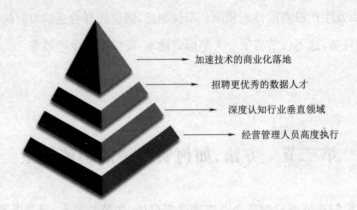

　　加速技术的商业化落地
　　招聘更优秀的数据人才
　　深度认知行业垂直领域
　　经营管理人员高度执行

图 4-1　精益化管理的四个突破口

1. 加速技术的商业化落地

　　无论是大数据技术,还是深度学习技术,如果它们只存在于"象牙塔"的顶端,那么对企业的精细化经营毫无帮助。另外,每个企业、每个生产部门的经营模式都不一样,这更需要提高数据技术的智能推荐能力。智能推荐能力的提升,离不开深入的落地式开发。

2. 招聘更优秀的数据人才

　　数据人才存在巨大的缺口。如今,企业的数据化运营能力还有待提升,对数据人才的需求更为迫切。为了实现精细化生产的目标,一些企业的生产部门不惜花费重金,招聘优秀的数据人才。

3. 深度认知行业垂直领域

利用大数据技术进行经营管理的优化，不能"一刀切"，而要深度认识行业的特点以及垂直领域，做到个性化的数据管理。例如，汽车制造业和物流行业的生产模式就存在很大的差别，在利用大数据技术时，要做到差异化处理。

4. 经营管理人员高度执行

企业内部经营管理人员要利用深度学习技术，弥补管理中存在的缺陷；同时，要积极利用数据系统，根据数据系统的反馈意见，深度执行，优化企业管理。

二、提供智能化的产品和服务

企业进行智能制造转型时，可以从产品与服务两方面入手，具体如下所述：

1. 好产品

好产品离不开好设计，好设计离不开大数据。如今，用户的个性化需求越来越旺盛，或许一个细节就能让产品脱颖而出。在"小数据"研究的基础上加上大数据，更有助于产品设计。

例如，德国制造企业雄克采取了 SAP（system applications and products，系统应用和产品）智能产品设计方案，以促进数字化创新在实际工业场景中的实现。SAP 智能产品设计方案将"数字化双胞胎"理念通过虚拟镜像展现出来，设计人员根据数据就可以提供产品的 360°全息视图，从而让用户深入了解产品的细节。

借助 SAP 智能产品设计方案，设计人员可以通过仪表板直接访问产品相关信息，如产品结构或三维模型，也可以跟踪现场设备的性能，将数据整合在一起。

另外,雄克可以通过 SAP 智能产品设计方案轻松启动新产品的设计研发工作,满足市场需求。通过协同功能,雄克还可以为各部门之间的密切合作提供强大的虚拟平台。SAP 智能产品设计方案的核心是一整套 SaaS(software as a service,软件即服务)软件,有利于为雄克提供多种设计方案。

智能化时代的产品设计有三大要素:一是多元化的实时协同,可以保证相关数据的一致性;二是需求驱动产品设计,可以增强用户需求与产品的关联;三是实时的产品智能分析,可以帮助设计人员和用户全面把控产品质量。

2. 优服务

优服务的目的是让用户获得最佳的体验。例如,平安银行曾在新春营销期间推出了独具特色的 AR 营销活动。活动期间,用户打开平安口袋银行 App,就可以看到 AR 活动"奇妙刷新街"的入口。

点击入口进入之后,展现在用户眼前的是一座以 3D 建模技术打造的虚拟古代城市,其中水榭楼台、流水繁花应有尽有,整个城市华丽又喜庆。凭借 AR 技术,城市中的场景能够给予用户一种沉浸感。

虚拟世界中无处不在的"小白人"就是其中的主角"小安",跟随他的脚步,用户可以转换各种场景,从不同角度探索这座虚拟城市。

该活动凭借 VR 技术打造了大规模的虚拟街景,其中的亭台楼阁不仅展现了我国古代的建筑风格,立体形态的设计还为用户呈现一个唯美的奇幻世界。同时,活动给用户带来虚拟与现实结合的沉浸式交互体验,用户不仅可以在其中自由进行 AR 观光,还可以体验多样化的优惠活动。这种具有时代感和科技感的服务更能满足当今消费者的需求。

除了平安银行外,一些企业也积极将 AR、VR 等技术和实体店结合起来,将实体店升级为数字门店,吸引更多消费者。在数字门店中,如果消费者浏览产品,AR、VR 设备会实时更新产品的上下架信息,而且还会根据消费者挑选的产品，重新排列产品位置，提升消费者的消费体验。

之前，企业的销售路径是："产品脱颖而出吸引消费者关注—明确与竞争对手之间的差异和优势—促使消费者购买。"AR、VR不但简化了这一销售路径，还为消费者提供了更加便捷、更加真实的消费体验，充分激发消费者购买的欲望。

综上所述，智能制造产生价值驱动的关键在于产品和服务。产品好，才可以引起消费者的关注；服务优，才可以吸引消费者重复购买。

三、将用户的需求放在第一位

用户是企业服务的主要对象，因此，企业应该将用户的需求放在第一位。在智能制造时代，企业必须基于用户需求开发新产品和新服务。对于制造业而言，供需不匹配是一个亟待解决的问题，这个问题会引发一系列"副作用"，如库存积压、产品不足、难以为用户提供优质服务等。

造成供需不匹配的原因主要有两个：信息不对称、能力不满足。由于存在主观因素的误导，信息不对称不能被完全消除，但企业可以通过技术来缩小客观因素（如地理限制）与主观因素之间的差距，从而使生产者和用户的交互渠道更加直接、扁平、低成本、高精准。

能力不满足是指面对供需的变化，由于受既成布局、行为习惯等因素的影响，无法动态调整预先安排。智能制造要求企业除了能在生产过程中及时调整预先安排外，还要求企业为用户提供完美的服务。

智能制造的产品模式具有定制化和服务化的特点，能够满足用户需求，为用户提供有价值的产品。

1. 定制化

企业根据用户需求及时调整生产工序和工艺，灵活地生产出各种产品；用户通过互联网下单后，订单送达工厂；工厂根据订单定制用户需要的产品,通过模块化的拼装,实现用户对不同功能的需求,最大限度缩短产品的生产周期。

2. 服务化

企业从以传统的产品生产为核心,转向为用户提供具有丰富内涵的服务,再到为用户解决问题。以戴尔为例,戴尔虽然比不上 IBM、康柏等历史悠久、财大气粗的企业,但依旧占据可观的市场份额,其中一个重要的原因就是定制化生产。

对于企业来说,实现定制化生产是一件非常困难的事情,尤其是计算机这种既涉及高新技术,又涉及精益制造的产品,企业所要投入的成本与遇到的困难更多。戴尔建立直销网站,将其作为定制化生产的主要平台。在直销网站上,客服人员为用户提供咨询服务,使戴尔与用户进行无障碍、零距离的沟通交流。

戴尔开创性地将新零售方式融入产品生产,始终坚持以用户需求为本,实现了基于用户的大规模定制化生产。在戴尔直销网站上,用户可以自己设计、配置喜欢的产品,包括计算机的功能、型号、外观以及参数等。

戴尔设立了自助服务系统,用户可以与客服人员直接沟通,这样不仅省去大量的中间环节,用户还可以享受方便、快捷的服务。除此之外,戴尔还为用户建立了非常全面的数据库,用户可以在里面看到各类硬件和软件的简介,以及可能出现的问题和解决方法。

为每一位用户量身定做产品,并辅以个性化的服务,是"以用户需求为本"的直接体现。对于企业来说,这不仅有助于吸引、留存用户,获得更加丰厚的效益,还能为自身的转型升级奠定坚实的基础。

第三节　智能汽车：智能制造的代表场景

智能汽车是智能制造的代表场景，智能制造的迅速发展主要体现在智能汽车不断涌现。下文将从智能汽车的多维度智能表现与企业对智能汽车的布局两个角度来具体讲述智能汽车的发展。

一、智能汽车的多维度智能表现

汽车作为用户经常接触的交通工具，颠覆了用户的生活。AI进入汽车行业，智能汽车出现，汽车领域发生巨大变革。智能汽车的智能表现各不相同，主要分为辅助驾驶、部分自动驾驶、有条件自动驾驶、高度自动驾驶以及完全自动驾驶五个维度，具体见表4-1。

表 4-1　自动驾驶类型及其概念

种　类	概　念	控制者	监督者	应用场景
辅助驾驶	在特定范围内，系统持续执行横向或纵向运动的驾驶任务，其余驾驶任务由驾驶员完成	人与系统	人	自适应巡航等
部分自动驾驶	在特定范围内，系统持续执行横向或纵向运动的驾驶任务，驾驶员负责监督和处理突发事故	系统	人	自动泊车、交通拥堵路段等
有条件自动驾驶	在特定范围内，系统持续执行全部驾驶任务，驾驶员负责处理系统故障时的接管请求	系统	系统	高速公路、交通拥堵路段等
高度自动驾驶	在特定范围内，系统持续执行全部驾驶任务，并负责处理突发事故	系统	系统	高速公路、城市大部分路段等
完全自动驾驶	在所有驾驶场景内，系统持续执行全部驾驶任务，并负责处理突发事故	系统	系统	所有驾驶场景

所有自动驾驶的场景都需要用到标量、矢量和矩阵三者结合的异构算力，而算力可以分为两种：其一是 AI 算力，AI 处理器为自动驾驶场景提供有针对性的矢量和矩阵算力；其二是 CPU 算力，CPU 主要提供标量算力，用于测量处理器的运算能力，常用于处理器的整体运算性能测试。自动驾驶功能涉及通信、计算两大领域。例如，华为推出的 AOS（application orchestration service，应用编排服务）操作系统就结合了 5G 通信技术，使算力有了很大的提升。

智能座舱是车联网的一个重要功能。一个完整的智能座舱系统应该包括用户体验、功能实现与控制管理三个方面。

首先，智能座舱要为用户提供安全、舒适的驾驶及乘车体验。例如，座椅可以根据人体工程学自动为车上人员调整座椅的形状和硬度；采用不同材质的材料打造座舱内饰；智能调节座舱内的亮度等。

其次，智能座舱的功能更加全面，当前主要集中在行车参数、驾驶信息、导航、通信及娱乐等方面。智能座舱功能的实现主要由智能座舱域控制器负责。在车辆域控制架构设计中，域控制器能够集成小控制器、小执行器，将算法标准化，实现控制器的精简、优化。智能座舱域控制器负责 HMI（human machine interaction，人机交互）和其他相关座舱功能的实现。

最后，智能座舱的控制管理更加智能，例如，屏显的人性化、多屏化，车上人员向车辆输入信息时更加方便，而车辆给出的反馈信息也更加容易被管理系统接收到。华为推出了鸿蒙智能座舱操作系统，实现人、车、云之间的跨终端互联。

智慧管理涉及的领域很广泛，但也是通过域控制器的功能集成来实现的。例如，华为推出的 VDC（vehicle dynamics control，车辆动态控制），整车控制平台，即智能电动平台，就负责车辆智慧管理功能的实现，它包括电驱、电动控制单元、智能车控操作系统等多个方面，将网络通信与算力的技术优势引入智能电动汽车，打造了一系列高级车载充电产品，为整车厂提供个性化的智慧管理控制方案。

二、瞄准自动驾驶，多家企业加速布局

自动驾驶热度的攀升使得许多企业看到了发展的希望，许多企业开始加速布局自动驾驶领域，以抢夺更多红利。汽车自动驾驶领域被智能技术重构，逐渐成为智能技术落地应用的重要领域之一。

目前，已经有许多先进企业对汽车自动驾驶展开了深入探索，比亚迪就是其中之一。比亚迪进军汽车自动驾驶芯片自研领域，成功实现对 IGBT（insulated gate bipolar transistor，绝缘栅双极型晶体管）功率半导体与 MCU（microcontroller unit，微控制单元）等工业与电控芯片的自研自制。比亚迪积极招募 BSP（board support package，板级支持包）相关的高端技术团队，从 BSP 入手对自动驾驶的专用芯片进行自主研发。

比亚迪还通过与掌握产业发展优势的企业合作，来实现在汽车自动驾驶领域的发展。例如，比亚迪与汽车自动驾驶企业 Momenta 合作，成立合资性质的自动驾驶子企业迪派智行，在自动驾驶领域开辟更加广阔的市场。通过与拥有芯片、感知软件、激光雷达这三项技术的智能科技企业速腾聚创合作，比亚迪掌握了自动驾驶领域中更为先进的技术。

通过与多方合作，比亚迪正在积极开展汽车自动驾驶领域的探索，其自主研发的创新精神为行业中的各企业起到了引领与示范作用。

此外，相关企业展开深度合作，积极开发汽车自动驾驶平台，该合作基于 DRIVE-Orin 芯片这一汽车制造的电子控制单元，立足全球的汽车市场。

DRIVE-Orin 芯片算力强大，每秒钟能够实现 254 万亿次运算，同时该芯片还能够不断进行扩展升级，理论上能够满足 L5 全自动驾驶系统的需要。芯片公司还积极开发了一个名为 DRIVE Thor 的车载计算平台，该平

台能够使浮点运算性能提高到 2 000 万亿次。芯片公司的技术开发,将会大力促进汽车自动驾驶领域的发展,使汽车自动驾驶能够以更快的速度进入大众视野。

随着汽车智能化水平的提升,汽车自动驾驶已经成为汽车行业不可逆转的发展趋势。作为相关领域的龙头企业,为了在汽车生产制造行业站稳脚跟,需要储备、研发汽车自动驾驶相关的智能技术,与高端智能科技企业的合作必不可少。

第五章

智能教育：AI 助力教育现代化

AI 的发展变革了教育行业，影响了教学场景、教师工作等。同时，AI 为教育现代化创造了条件，许多教育企业纷纷进行改革，推动自身与 AI 加速融合。

第一节　AI 时代的教育变革

AI 时代的到来为教育行业带来了巨大的变革，传统教育向智能教育转变，教育与 5G 的融合打破教育行业的技术壁垒。AI 赋能教育领域的诸多方面，推动教育与 AI 的融合至关重要。

一、从传统教育到智能教育

智能教育的"智能"体现在教学理念、教学模式和内容等方面都有突破性的变革。AI 与教育的融合，对教育行业产生了很大的冲击，教育行业朝着智能化的方向发展。

例如，智能批改出现。在教育教学的过程中，教师批改学生的作业是教师了解学生学习情况的重要手段，但是会占用教师大量精力和时间。尽管批改作业可以使教师充分了解学生对所学知识的掌握程度，并据此制定下一步教学方案,但是有些教学作业只是辅助学生进行知识的巩固,不具有暴露学生学习薄弱点的作用,如抄写诗词等。而智能批改能够帮助教师节省大量的时间和精力,使教师将时间和精力更多地用于备课和其他教研活动。

"智能批改"这个概念十分火爆,但实践起来并非易事。智能批改过程中,需要利用智能识别技术,对手写文字进行识别、对逻辑应用进行模型分析,也就是说,智能识别技术是智能批改的基础。

最初级的智能批改是中、高考最常用的一种批改模式:"机器批改"。这种方法利用"微机读卡"技术能够对学生的客观题进行批改,提高阅卷效率。

OKAY 智慧教育和 MyScript 公司及微软达成合作,实现了智能批改的教育全场景覆盖。OKAY 智慧教育利用 MyScript 公司的手写识别技术,能够实现对学生的手写答案的数字化转换,然后结合微软的人工智能技术,对数字化后的作业进行比对,实现智能批改。

在智能识别领域,MyScript 公司一直走在世界前列。MyScript 公司的手写识别技术能够对各种手写信息进行识别,包括数学符号、各国语言、图形等,即使在书写的过程中出现笔顺变形,笔迹也能被精准地识别并完成数字化转换。

微软的人工智能技术能够实现对海量题库进行学习、比对,从而对每一类题型的解法生成智能比对结果,在完成数字化分析后,对于学生的作业,人工智能能够实现智能批改。

智能批改在教育变革中具有十分重要的作用。首先,智能批改能够使教学过程中最重要的生产力——教师,从繁重的作业批改中解放出来,让他们有更多的精力用于备课或进行其他教育活动;其次,智能批改系统不会遗忘任何一个学生的成绩,能够更好地为教师展示学生的学习情况,辅助老师制订教学计划,实现因材施教;最后,智能批改的速度极快,能够使教师及时收到反馈,随堂测验能够更高效地完成,教师有更多的时间讲解学生没有理解、掌握的知识。

　　除了 OKAY 智慧教育外，爱作业也是一款可以实现智能批改的 App，其将人工智能技术应用于小学数学的口算作业批改，大幅减轻家长和教师的负担。无论是家长检查孩子的作业，还是教师批改全班学生的作业，只要拍照上传至爱作业 App，就能实现 1 秒批改。

　　爱作业 App 上线当天就有 1 600 多人下载使用，仅上线 4 天就成为苹果应用商店教育类应用排行榜的第五名，上线一个月就拥有 60 多万名用户。

　　OKAY 智慧教育平台的广泛好评和爱作业的用户激增都说明智能批改作业的需求很大，而人工智能技术在智能批改上的应用使智能批改从理想变为现实。

　　人工智能为各行各业带来变革，在教育领域，智能批改能够解放教师的生产力，为教育行业带来新的发展浪潮。

二、5G 打破教育行业的技术壁垒

　　5G 与 AI 技术的结合，能够为教育行业赋能。5G 能够打破教育行业的技术壁垒，推动教育智能化发展，开创智慧教育时代。

　　随着 5G 时代的到来，5G 所提供的高传输速率、大带宽、低时延的优质网络，能够打破曾经阻碍教育行业进一步发展的技术壁垒，主要表现在几个方面，如图 5-1 所示。

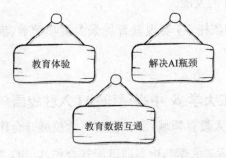

图5-1　5G 打破教育行业技术壁垒的表现

1. 教育体验

5G 带来的是传输速度、网络质量的革命,这会影响教育的体验性。5G 能够使直播等教学场景更加流畅,能够使师生之间实现线上实时互动。同时,5G 将推动虚拟现实技术的发展,这使得 AR、VR、MR(mixed reality,混合现实)、XR(extended reality,扩展现实) 在教育中的应用更加多元化。场景教学、模拟教学、真人陪练等使学生能够在虚拟环境中获得拟真的学习体验,学习效果不输真实场景。

2. 教育数据互通

未来,通信技术的进一步发展将使万物互联成为现实,教育领域的各种 AI 应用都将向着互联互通的方向发展。万物互联能够使 AI 应用采集更多、更加复杂的数据,AI 应用在经过大数据分析后,能够全面了解学生及教师的情况,使互动方式更多样和深入。

3. 解决 AI 瓶颈

AI 发展的瓶颈之一是智能机器人深度学习能力的提高。智能机器人应该具备深度学习能力,可以对数据进行筛选、整理以及分析,并通过不断学习来提升自己。

在如今这个信息大爆炸的时代,智能机器人处理海量数据的速度还有待提升。5G 可以补齐 AI 发展的短板,提升智能机器人的学习能力和数据处理速度,推动 AI 的发展。

未来,AI 有望依托 5G 实现教育场景大规模覆盖,满足学生的个性化教学要求。

三、大连理工大学 & 中兴通讯:AI 入驻校园

为了使 AI 深入教育领域,部分企业与学校展开合作,实现了 AI 入驻校园。例如,大连理工大学与中兴通讯展开合作,以 5G 为基础打造联合实

验室，提升大连理工大学的科研水平，加快校园应用的研发，共同打造5G智慧校园。

大连理工大学的校园建设已由数字校园进入智慧校园阶段。未来，随着校园业务与各种技术相结合，校园需要全新的信息通信技术来支持更加多样化的教学模式、科研协作模式和管理模式。而5G与AI、云计算、大数据等新兴技术的融合应用，使智慧校园业务创新成为现实。

在打造智慧校园的过程中，网络作为承接数据采集器数据传输任务的纽带，是智慧校园建设的基础。随着5G商用步伐的加快，5G技术将贯穿智慧校园的通信系统，体现在数据感知、网络传输、校园管理等方面，成为智慧校园建设的新动力。

中兴通讯与大连理工大学的合作将在科研教学、云VR教育、远程视频互动、校园安防等场景逐渐深化，探索5G和智慧校园应用的结合，推动智慧校园的建设和发展。

作为5G先锋，中兴通讯致力于5G核心领域的研发和投入。在系统方案中，中兴通讯提供高速率、低时延和海量连接的5G网络，广泛应用于教育领域的模组及终端。

中兴通讯与全球百余家行业龙头合作伙伴签署合作协议，将5G、AR、VR、AI、物联网等技术充分应用于教育领域，取得了丰硕的成果，并逐步在福建、辽宁等地与各高校开展了一系列合作及5G应用进校园的体验活动。

第二节 极具现代感的学习场景

AI在教育行业的应用将使学习场景产生变革，使之更有利于学生学习。AI 将会与 AR、VR 相结合,创造全新的教学场景。同时,校园可视化管理、电子班牌、智慧监控的应用可以进一步保障学生安全,为学生打造安全的学校环境。

一、打造 3D 虚拟课堂

虚拟现实技术能够为学生带来沉浸式的学习体验,使学生对学习产生浓厚的兴趣,提升学生学习的积极性。AI、3D、虚拟现实等技术的结合,将为师生提供互动性的沉浸式体验。在教学中,虚拟现实技术主要应用于几个场景,如图 5-2 所示。

图 5-2　虚拟现实技术的应用场景

1.虚拟校园

虚拟校园即借助 3D、虚拟现实、三维建模等技术,生成与真实校园场景一模一样的虚拟学习环境。无论是校园的围墙,还是内部的门窗、走廊、灯光,都能够通过虚拟现实技术整合在计算机网络中。虚拟校园中也有学习资源,这些学习资源都是电子书籍,经过扫描仪扫描后数字化存储在数字图书馆中。学生只要进入虚拟图书馆,便可浏览所有电子书籍,就如同现实中阅读书籍一样。学生还拥有自己的虚拟图书馆,如果看到自己感兴趣的电子书籍,便可以借阅到自己的虚拟图书馆自由阅读。

2.虚拟实验室

在现实教学活动中,许多本需要学生通过实验习得的知识仅能由教师通过理论讲述传授给学生，这是因为部分实验设备过于昂贵，不能够提供给学生使用；某些实验过于危险，存在安全隐患，学生无法亲身参与。

而虚拟实验室可以满足学生参与各种实验的需求。学生不再受到时间、地域的限制，只要设备安装了虚拟实验室，学生便可以进行实验操作，提高了学习自由度；而且在虚拟环境中进行实验，能够避免安全隐患，保护学生的安全。学生不需要考虑现实的种种制约因素，可以尽情开展实验，提高对学习内容的理解，培养学习兴趣。

3. 网络教育虚拟教室

网络教育因能够突破时间、地点、成本的限制，且具有灵活性，而受到人们的关注，然而网络教育也受到了"不如线下面授"的质疑。人们认为，网络教育无法提供真实的学习氛围，因此无法获得理想的教学效果。

虚拟现实技术能够解决这些难题，教师能够借助虚拟现实技术出现在虚拟教室中，为学生授课。学生在虚拟教室中能够体验真实的学习氛围，获得传统网络教育无法实现的学习效果。

虚拟现实技术为教学提供了全新的工具，带来了全新的生机与活力。未来，随着虚拟现实技术在教育领域的应用不断深入，更多虚实交互的 3D 场景将会出现，将更好地满足教育行业日益增长的需要。

二、校园环境变得更加智慧

教学环境能够对教学质量产生影响，AI、大数据等技术融入课堂，将提升课堂管理效率，因此，学校应该将营造更加智慧的教学环境作为重点。许多企业深耕教育行业，以技术变革传统教学环境，使教学环境更加智慧。

例如，锐捷网络提出了"1＋N"智慧教学环境解决方案，致力于实现教学环境的简单易用、场景融合。"1"指的是智慧教学交互系统，"N"指的是场景化方案子系统，二者相互助力，共同构建新形态智慧教学环境，如图 5-3 所示。

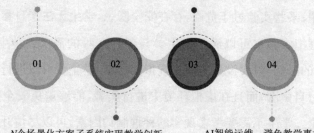

图 5-3　智慧教学环境解决方案

1. 智慧教学交互系统打造良好的教学体验

智慧教学交互系统由智慧云黑板、智慧云大屏、UClass 教学工具与云运维构成，能够为教师、学生带来更多便利。

对于学生来说，智慧云大屏能够使学生获得卓越的视听效果，莱茵低蓝光与零频闪能够保护学生视力。

对于教师而言，智慧云黑板支持通屏粉笔书写，带给教师良好的书写体验；智慧云大屏搭配 UClass 教学工具，能够做到多端协同，随时调出授课资料。同时，UClass 教学工具还具有扫码系统，能够帮助教师进行考勤统计，掌握学生出勤情况。

对于运维人员来说，设备出现故障时，运维人员可以通过批量系统镜像下发功能实现远程运维，无须到达现场，能够提高运维效率。

2. N 个场景化方案子系统实现教学创新

锐捷网络构建了以学生为中心的智慧教室，搭配多屏协作研讨系统。智慧教室配备了由小组屏幕与可移动桌椅构成的小组信息岛，方便学生交流合作。每个大屏都搭配了教学智能终端系统，能够实现大屏与小组屏的灵活切换，教师既可以一键切换教师屏，也可以下发权限让学生自主讨论。智慧教室实现了课堂结构变革，从以教师为中心的讲评式课堂，到以学生为中心的研讨型课堂，能够实现个性化、小班化教学，提高学生的知识吸收效率。

智慧教室还搭载了智能音视频系统，支持线上、线下两种教学模式，能够满足同步教学、直播课、录播课、巡查课堂与督导五种教学需求。教师可以一键发起多方音视频互动教学，使教学打破时空界限，做到跨班级、跨校区、跨网络。

智慧教室具有教学信息辅助功能，满足了学校在线巡课、教学活动实时播报等要求。AI 还可以精准分析师生教学模式、师生教学参与情况，让学校能及时了解班级情况。

3. UClass 智慧教学平台实现教学管理

UClass 智慧教学平台能够对教学进行全流程管理，课前可以帮助教师设计教学活动，课后可以实现对测试、课后作业的批改、管理，提高教师的教学效率。

UClass 智慧教学平台支持分角色呈现数据，对于教师，其提供全面的学情数据；对于教务人员，其提供整体的教学情况数据；对于管理者，其提供全校教学运行数据，满足不同角色的需求。

4. AI 智能运维，避免教学事故

锐捷网络提供 AI 智能巡检，能够检测常见设备故障并定位，15 分钟内能够巡检超过 300 间教室，解决人工运维效率低下的问题。AI 智能巡检过后还会自动分析运维数据，避免教学事故发生。

总之，锐捷网络的智慧教学环境解决方案打破了传统教与学的方式，为学生、教师提供了更加智慧的教学环境。未来，锐捷网络将继续深入探索智慧教学环境解决方案，不断推动教育朝着数字化、智能化的方向发展。

三、不间断监控校园安全

近年来，校园安全问题威胁学生的人身、财产安全。一些学校在向学生

宣传安全防范知识的同时,也采取了许多安全防护措施,例如,某学校利用电子班牌和智慧监控对校园安全进行监控,提高校园管理效率。

电子班牌是校园文化建设的系统工程之一,也是学校工作、文化展示、课堂管理等方面实现信息化、智能化的重要载体。

电子班牌通常安装在教室门口,它可以展示班级信息、班级活动信息、学校通知信息、当日课程信息等,将班级工作与校园管理完美融合。

每天到教室后,学生可以在电子班牌上签到,教师则可以通过手机实时查看学生进班的情况。如果某个班级想要组织活动,就可以提前在电子班牌上查询空闲教室的使用情况,并预订空闲的教室,实现资源的合理、高效利用。此外,电子班牌与手机联动,可以解决一些校园中的突发问题,例如,教室的灯不亮了,老师在手机上操作就可以一键报修。

电子班牌是教育信息化的具体体现之一,有利于学校提高校园管理的质量。一方面,利用电子班牌能够及时发布信息,包括课表、活动等;另一方面,电子班牌可以替代教师点名的考勤方式,使考勤管理更加智能。总之,电子班牌能够提高校园管理的及时性、有效性,提高教学管理的质量。

处于青春期的学生在处理问题时容易冲动,若因此引发了校园暴力,后果将十分严重。而相关调查结果显示,此类事件经常发生在中午吃饭、下午放学后等时间段。此外,一些学生缺乏安全意识,容易使自身陷于危险境地,一些不法分子也可能会进入校园,这些都会给学生的安全带来极大隐患。

而以人工智能技术为核心的智慧监控系统可以有效地规避这些风险。智慧监控系统能够覆盖学校大门、学生寝室、食堂、教学楼等场所,可以实现24小时监控,对发现的异常情况可以提前预警,其监控记录能保留1个月以上,便于出现意外情况时分析取证。应急广播与信息公布系统遍布校内所有建筑,可在出现紧急情况时实现点对点喊话,确保消息传递到位。同时，该系统还可以对采集的数据进行分析，为未来校园安全工作的开展提供依据。

智慧监控的主要功能如图 5-4 所示。

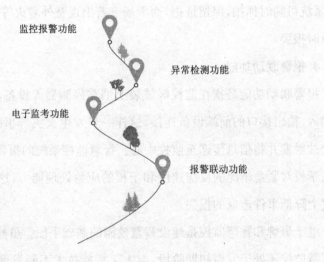

监控报警功能

异常检测功能

电子监考功能

报警联动功能

图 5-4 智慧监控的功能

1. 监控报警功能

监控报警功能是指布置在校园门口、周边围墙、教室、学生宿舍等区域的监控设备能够在出现紧急情况时及时发出警报，实现自动报警，它是智慧监控最基本的功能。

2. 异常监测功能

智慧监控系统具有异常监测功能。后台软件会对监控摄像头获取的信息进行分析，从而对非人员集中区域的人员密度突然增加或出入异常等情况及时发出警报，以便监控人员排查异常，防患于未然，防止校园暴力等事件的发生。例如，有人翻墙进入校园或有人在夜晚私自进入老师办公室时，智慧监控系统能够及时发现这些情况并发出警报，通知监控人员对该区域进行巡查，明确是否出现安全事故。

3. 电子监考功能

智慧监控系统具有电子监考功能。借助监控系统的视频传输,监控人员可以查看学生在考场上的行为,以便规避作弊情况的发生。如果学生作弊,系统可随时抓拍,保留证据,而考场上若出现意外着火等状况,系统也能够及时报警。

4. 报警联动功能

报警联动功能是指在监控区域装上烟雾探测器等设备,并将其和有报警输入、输出接口的前端设备连接,这样一旦发生火灾等事故时,报警设备就会被触发并将信息传递至监控中心。智慧监控系统的报警联动功能能够提高学校对紧急情况的反应速度和学校的应急处理能力,这样能够在一定程度上降低事件造成的损失。

电子班牌和智慧监控是建设智慧校园的基础手段。虽然目前电子班牌和智慧监控还处于发展初期阶段,但人工智能技术不断发展成熟使得智慧校园的各种智能应用都会进一步得到完善,最终形成一个实用、稳定、能够全面保障校园安全的智能管理系统。

四、阅面科技如何保护校园安全

校园安全是校园管理的重要组成部分,关系学生的人身、财产安全。为了保护校园安全,阅面科技推出了智慧校园解决方案。智慧校园解决方案将AI技术与校园管理深度融合,以有效提高校园安全级别,打造安全校园。

阅面科技将这一方案在银湖中学落地,在硬件方面,这一方案包括人证核验终端、人脸识别摄像机、人脸识别多用终端、人脸识别速通门等设备;在软件方面,这一方案的大数据管理系统包括智能宿舍管理系统、智能人脸门禁管理系统、智能考勤管理系统等模块。该方案旨在让先进的AI技术应用全面渗透校园场景,从而解决学校管理面临的各类痛点。

例如，银湖中学此前的进出校管理依靠在门卫处登记，访客、学生进出检查，证件登记等工作都由门卫完成，造成门卫工作繁重、数据严重滞后等问题，给学校教务工作开展带来不便。而且，一旦学校门卫稍有疏忽就可能引发校园安全问题。而在引入阅面科技的人证核验终端、人脸识别摄像机、人脸识别速通门等人工智能产品以后，这些问题就得到有效解决。

（1）人证核验终端：家长探访学生或校外人员到访时，需刷身份证验证身份，并注册访客信息，再"刷脸"通行，此举既消除了以往纸质登记方式费时、费力的弊端，又便捷、安全。

（2）人脸识别速通门：当学生进出学校时，需"刷脸"才能通过闸机。系统能够随时记录学生的动向，并将信息发送到后台，使学校能够及时对学生出行进行管理。

（3）人脸识别摄像机：依托人脸识别摄像机，学校可建立实时动态预警系统，以防外来不法分子潜入校园。

以上这些设备的使用极大地提高了银湖中学的事前预警能力及事后追溯能力，将实时数据与校园安全紧密结合，提高了学校管理水平，推动校园向数字化、智能化的方向转型。

人脸识别受到越来越多学校的青睐，这是由于其在安全防范及智能化管理上能够展现巨大价值。例如，人脸识别技术识别精准度可达到99.99%，远高于其他识别技术，可以有效规避刷卡式门禁、指纹识别的安全隐患。此外，人脸识别技术可以收集以往的识别数据，方便学校对学生行为进行数据分析，推动学校朝着智慧校园的方向转变。

阅面科技凭借其优质的解决方案及突出的产品优势，吸引了众多教育部门及学校的关注与合作。例如，为了解决闵行区教育学院会务烦琐的问题，阅面科技为其制定了"人脸识别多用终端＋智能考勤管理系统"的解决方案，帮助该机构实现"刷脸"开会。此外，阅面科技还与金山中学合作，为其打造了智能教职工考勤管理、智能宿舍出入口管理等系统;与广西兴业县第四初级中学合作,为其打造了校门口进出智能管理系统。

阅面科技智慧校园解决方案之所以被众多机构认可,关键在于阅面科技拥有成熟的技术、良好的产品体验,能够为每个校园场景设计完善的解决方案。

第三节　AI 如何影响教师的工作

AI 的应用会对教师产生影响,主要表现在三个方面:一是使教师能够进行精细化教学;二是变革教师的教学模式;三是催生了"师徒制",提升学生的学习效率。

一、有利于教师进行精细化教学

AI 与教育领域的结合,将会对教师的教学产生极大的影响。在先进技术的支持下,传统的教学环境、教学方法,甚至教师在教学中扮演的角色都会发生转变。在教学方面,教师能够以精细化教学方式取代传统的班级授课方式。

在目前的教学中,教师往往采取班级授课的方式,然而班级授课具有课堂效率低下、教师无法照顾每位学生、学生无法全部参与教学活动等弊端。随着 AI 在教育领域的应用更加广泛,这些问题得到了解决。AI 能够对学生数据进行精准分析,并结合学生的课堂表现推出测评报告,帮助教师了解每位学生的情况,实现个性化精准教学。

例如,某位初中教师运用坚知果 AI 智慧课堂授课,实现个性化精准教学,该教师在授课前,利用坚知果 AI 智慧课堂的"一键组卷"功能对学生的学习情况进行课前测验。通过测验,该教师可以了解学生的预习情况,并据此调整适合班级的教学目标与教学重难点,做到精准授课。在讲解课前测验题目时,该教师可以了解学生的易错题目,实现精准讲解,还可以根据作答情况进行有针对性的提问,检验学生是否掌握了薄弱知识点。

在讲解完知识点后,该教师可以使用试卷检验学生对知识的吸收程度。学生在纸质试卷上作答,该教师利用扫描仪对试卷进行扫描便可获得学生的成绩,了解学生的学习情况。该教师会根据学生的成绩布置作业,帮助学生进行个性化精准复习:全对的学生完成必做作业即可,出错较多的学生在完成必做作业后还需要完成其他复习巩固作业。

对于 AI 在教学中的应用,许多教师都十分满意。有些教师表示,以往的教学需要依靠经验,筛选错误率高的题目需要教师手动记录。而如今借助 AI 分析,教师能够看出整个班级学生的共性问题,也能看出某个学生的个人问题,并根据学生的个人情况进行有针对性的教学调整。借助 AI 的精准分析,教师不再是"广撒网"式教学,而能够做到精准讲解,提高教学效率和学生学习效果。

有些教师认为,数字化教学更能实现因材施教的目标。一个班级往往有几十名学生,想要顾及每一名学生,教师的时间和精力都不够。但借助 AI 分析,学生的点滴成长都会被记录下来,教师可以根据学生的学情数据有针对性地给予其指导、布置作业,真正做到因材施教。

AI 在教育领域获得了深入发展,越来越多的教师在课堂上使用 AI 助手。在 AI 的助力下,教师能够对学生进行多样化、个性化的教学,在有限的课堂时间中,使教学发挥更大的价值。

二、变革教师的教学模式

AI 已经渗透教师的日常教学中,给教师传统的教学模式带来变革。教师将 AI 技术融入课堂中，不仅能够提高教学效率，还能够吸引学生，激发学生的学习兴趣。

在一些大学中，教师指导学生借助 AI 技术培育植物，这种新型的教学模式赢得了许多学生的喜爱。例如，借助融入了 AI 技术的智能 LED 灯，学生能够对植物的室内温度进行高精度控制；同时，也能够量化控制室内的水分、二氧化碳、光照与肥料。这样就能避免植物生长过程中受到外部因素的不利影响，特别是能够避免恶劣天气给植物带来的毁灭性打击。

智能 LED 灯设定的光源更符合植物的习性，在合适的环境下，植物的生长速度更快，产量会更高，品质也会更好。借助智能 LED 灯，学生既能够学习相应的植物培育知识，又能间接参与植物培育的过程，提高了自身的实践能力，激发学习动力。

此外，借助智能 LED 灯培育的果蔬十分健康，这是由于所有果蔬的生产过程和生长环境都能够实现智能控制，且不使用任何农药、杀虫剂，甚至不会沾一点灰尘，人们可以放心安全地食用。学生食用自己种植的果蔬，会倍感满足，从而获得激励，更加积极主动地学习。

随着智能教育时代的到来，教师要舍弃以往单调的口头叙述的授课模式，运用各类 AI 应用增加教学过程中的实践与体验环节，新奇的学习体验更能激发学生的学习兴趣和潜能。

三、"师徒制"提升学习效率

智能教育不仅改变了教师的角色、教学模式等，还改变了师生关系，让教师以全新的"师徒制"教学提升学生的学习效率。

在传统教学过程中，教师与学生处于半脱钩状态，教师的教学方式基本上是固定的，而每一届学生的情况有很大差异，每个学生之间也有很明显的差异，因此教师的教学效果难以有所提高。

　　而借助 AI 系统，教师可以与学生建立更加公平的"师徒制"教学，完善自身教学方式，提高学生的学习效率，打造师生学习共同体。例如，在教室里安装摄像头及录音设备，AI 系统可通过计算机视觉、语音识别、情绪识别等技术对学生及教师的表情及语音进行分析，并得出相关的结果。同时，AI 系统能够对班级学生的成绩进行分析，从而全面、理性地对教师的教学方式提出相应的改进建议，使教师的授课方式和授课内容更加科学、合理。

　　依据 AI 技术收集、整理和分析学生学习数据，教师可以对学生的能力进行深入挖掘，充分激发学生的潜力。在"师徒制"中，教师的教学活动是以学生为中心展开的，教师会在 AI 系统的帮助下全面了解学生的学习进度、学习中遇到的问题等，能够及时对学生的学习作出指导，帮助学生解决学习问题、提高学习效率。

第六章

智能金融：开创金融行业新未来

随着金融行业与 AI、大数据、云计算等技术不断融合，智能金融成为金融行业的未来发展方向。在 AI 的助力下，金融行业将会发生重大变革，将能够不断提升服务水平，为用户提供更加人性化的服务，开创金融行业新未来。

第一节　AI 趋势下的金融变革

在 AI 的助力下，金融行业将会发生三个方面的变革：一是服务模式发生变革，在成本下降的同时提升效率；二是风控能力发生变革，打造更加安全的金融交易环境；三是市场与交易发生变革，将深度学习的预测功能引入金融行业。

一、服务模式：效率提升与成本降低

AI 给金融行业带来了巨大变革，成为金融行业数字化转型的推动力。金融行业的服务模式发生转变，以机器人代替人工，提升了效率，降低了成本。

　　AI能够提升工作效率，但是金融领域工作效率的提升并非一蹴而就，而是经过四个严密的步骤，分别是金融业务数据化、数据资产化、数据应用场景化和金融流程智能化。

　　随着数据的不断积累和优化整合，智能金融将会不断拓展细分场景，不断提升业务效能。虽然 AI 与金融行业的融合还处于初级阶段，但已经产生了深远的影响。例如，瑞士曾经有一个 1 000 人的交易大厅，现在却不复存在，是因为业务越来越少吗？并不是，交易量其实翻了几倍，不过交易人员已经被机器代替。

　　再如，高盛的交易大厅曾有 600 个交易人员，如今却只有 2 个，大部分工作都由机器完成。原因很简单，因为机器时效更快、执行效率更高。可以说，机器的能力在一定程度上要远远超过交易人员的能力。

　　这虽然只是简单的案例，但是透露出很多信息。在金融领域，AI 的自动化水平和工作效率要远远高于人力。越来越多的普通交易人员逐渐被机器代替，为金融机构节约了大量的成本和人力资源。

二、风控能力：打造更安全的金融交易环境

　　风控能力是金融机构必备的重要能力之一。随着金融行业的迅猛发展，金融欺诈的概率逐渐升高，对行业造成巨大影响。在这种背景下，越来越多的金融机构利用 AI、大数据等技术提升业务的安全性与自身风控能力。

　　AI 应用于金融领域的一个亮点就是借助各种智能算法和智能分析模型提高金融机构的风控能力。金融领域的很多专家都认为，AI 要在金融风控领域发挥力挽狂澜的作用，必须满足三大条件，分别是有效的海量数据、合适的风控模型和大量的技术人才。

1. 金融风控离不开数据

　　数据足够详细、具体，数据分析人员或者智能投顾机器人就能够借助这

些数据迅速分析客户的基本特征,描摹客户的基本画像。例如,数据要包括客户的性别、年龄、职业、婚姻状况、家庭基本信息、近期的消费特征、社交圈以及个人金融信誉等信息。当 AI 能够有效抓住这些有价值的数据后,就可以很高效地进行金融风控,以及合理地进行金融产品的投资与规划。

金融风控的核心在于针对客户进行个性化的投资。只有借助大数据,仔细分析客户的各种金融消费行为,描摹客户的画像,才能够实现智能金融风控。虽然金融风控蔚然成风,但是目前相关技术仍处于初级发展阶段。

此外,AI 又特别注重数据的处理和分析,然而,如今的网络环境使得数据的安全堪忧。例如,日益开放的网络环境、分布式的网络部署,使数据的应用边界越来越模糊,数据被泄露的风险很大。由此可见,金融机构必须重视客户的数据安全。

金融机构在获取客户的各种数据、描摹客户的画像时,必须征得客户的同意,特别是要利用技术手段告知客户。在获得客户的允许后,金融机构才能够获取客户的数据。

2. 金融风控离不开合适的风控模型

风控模型离不开大数据、云计算等技术。金融机构借助强大的运算分析能力,不断对海量的客户数据进行数据挖掘和分析,从而更精准地找到客户、留存客户,最终使客户成为产品的忠实粉丝;另外,合适的风控模型也能够提高客服的效率,这样会使客户的满意度更高。

3. 金融风控还离不开大量的技术人才

技术人才是新时代的一种新兴人才,他们不仅要掌握金融学领域的专业知识,还要具备专业的智能分析能力。对于金融机构来说,只有会聚这样的技术人才,才能够进一步提升金融风控的能力,创新金融风控的方法。

当然,金融风控也离不开社会各界的广泛支持。教育部门要实施教育体制改革,培养更多的技术人才;企业要加大 AI 方面的资本投入,促进 AI

应用尽快落地；社会精英、商业人士要不断深入实践、深入生活，发现场景化的智能金融应用，寻找新的商机。在产、学、研的配合下，"AI＋金融"将获得更好的发展。

三、市场与交易：发挥深度学习的预测作用

金融市场充满了挑战与机遇，用户不断探寻金融市场的投资奥妙。随着深度学习的发展，其已经成为金融市场极受欢迎的技术。深度学习可以识别风险因素、预测金融市场未来走向，在金融投资领域发挥重要作用。

目前，金融市场的环境复杂多变，给用户的交易造成干扰，而深度学习能够在干扰因素众多的情况下完成任务处理。传统的金融计量方法已经无法适应金融市场发展的需要，深度学习能够有效提高金融预测准确度，实现金融方法的改良。整体来看，深度学习与金融领域的结合有着巨大的优势，具体体现在以下四个方面。

1. 深度学习能够自主智能地选择金融信息，预测金融市场的运行趋势

金融行业易受社会事件的影响以及人们的心理因素的影响。具体来看，当政策发生变化，证券的价格也会随之涨跌。另外，人们大都有从众心理，容易在投资、买股过程中产生跟风行为，然而有些跟风行为其实是不明智的。有些人正是因为盲目跟风投资，最终赔了本钱，负债累累。

深度学习的应用将会有效解决类似这样的问题。深度学习基于循环神经网络算法，能够智能地利用自然语言处理，准确把握社会状况以及舆情进展，在此基础上，再提取出可能影响金融市场走势的事件，并让人们注意，最终合理规避这一事件，使人们在金融投资中获得盈利。

在金融领域，对未来金融产品价格的预测一直是热门话题。在 PC（personal computer，个人计算机）时代早期，机器学习算法也曾经有过类似的应用。随着技术水平的提升，如今越来越多的专家也开始利用深度学习

模型,以提高未来金融产品价格预测的准确性。

在对价格未来变动方向和变动趋势的预测上,深度学习模型已经有了明显的效果。例如,借助深度学习算法训练机器,可以帮助金融机构进行智能预测、筛选日常交易数据,并为其相关决策提供数据支撑。

2. 深度学习能够深度挖掘金融领域文本信息

文本挖掘是信息分析的重要环节,深刻影响金融机构的决策。随着时代的进步、互联网的迅猛发展以及 AI 的应用,信息的传输速度已经取得了质的飞跃。如今,我们已经走在了"信息高速公路上",步入了"信息爆炸""知识爆炸"的时代。

然而,信息爆炸并不意味着信息处理能力的提升或者信息处理技术的突破。信息处理能力仍然是制约金融领域进一步发展的短板,深度学习的应用将会进一步提高文本挖掘的能力,从而使金融决策更加精准、有效。

3. 深度学习能够辅助投资者改善交易策略

在金融领域,现代投资风险管理中面临的一个重要的问题就是投资模型的过于同质化。投资模型的同质化有两个危害:一方面,同质化的投资模型会严重影响微观投资者的投资收益;另一方面,宏观市场将会缺失流动性,在经济危机发生时会引起更严重的后果。

深度学习能够有效解决这些问题。具体来说,深度学习能够综合考虑金融机构的发展状况、投资产品的未来效益,以及客户对投资产品的未来需求,在此基础上智能地向客户推荐差异化的投资策略。总之,深度学习会帮助投资者实现投资效益最大化。

4. 借助深度学习,金融机构的覆盖面将会更广,将会关注众多潜在的小微投资者

一般而言,金融机构更倾向于高收入人群,然而,高收入人群却有着相反的做法,他们更倾向于通过私人银行进行理财,而且能够形成一种长久的合作关系。金融机构对小微投资者的投资不太重视，而且一直抬高投资门槛。金融机构认为，这类人群的人均资产相对较少，不容易取得高额的投资回报。

但是金融机构忽视了很重要的一点：小微投资者数量众多。在大数据技术得到广泛应用的今天，通过历史数据，金融机构很容易就能分析出小微投资者的财务状况，从而向其推荐合适的理财产品。基于深度学习和大数据，金融机构能够关注处于长尾链条中的小微投资者，从而使他们实现精细化投资，其投资回报率也能通过量的积累达到质的飞跃。

总而言之，将深度学习引入金融领域非常有必要。实际上，深度学习在金融领域有着广阔的发展前景，因为金融机构迫切需要提升预测能力。通过技术解决金融问题，是新时代的风口，更是一个全新的开始。

第二节 智能金融的典型落地场景

AI与金融行业进行了深度融合，落地了许多场景，包括在线智能客服、智能信贷、智能投顾和智能监管与合规，为金融行业带来了重大变革，使之朝着智能化不断前进。

一、在线智能客服

AI在金融领域的应用首先表现在金融咨询方面。金融咨询是金融领域最常见的业务，其与AI的融合能够有效实现降本增效。在金融咨询方面，AI能够作为金融客服，为客户提供更加人性化、智能化、高效化的服务。例如，某银行推出智能金融客服来了解、解读客户的信息查询行为并为客户提供及时的响应。

对于常见的基本客户服务请求,如资金转账、余额查询和账单支付等,金融客服都可以独立帮助客户完成,从而为银行腾出人力去处理更加复杂的问题。金融客服还能够应用于信用风险评估、交易反欺诈和客户情绪分析等方面。

工商银行推出智能客服"工小智",通过短信、微信、网上银行、手机银行等多个渠道服务客户,推动了工商银行远程银行中心业务创新和系统升级,提升了智能客服的语义识别和理解的能力。工商银行 2022 年度报告显示:2022 年,工商银行的科技投入资本在六大行中位于榜首,约达 262.24 亿元,占业务总营收 2.86%。

总之,大数据技术的加持以及 AI 算法的应用,可以帮助金融客服把最有价值的金融数据提取出来,为客户提供最优质的金融咨询服务,这样就能够从根本上提高金融咨询服务的效率。

二、智能信贷

在信贷方面,AI 的一个具体应用是智能信贷。智能信贷可以帮助客户在网上完成所有的信贷流程,十分方便。智能信贷需要大数据、AI、云计算等技术的支持,能够对传统信贷模式进行变革,适用于多种场景。

传统的信贷有很多弊端,例如,主观色彩强烈、流程烦琐、成本高、效率低等。为了消除这些弊端,"读秒"应运而生,它是一个基于人工智能的信贷解决方案,相关数据显示,正式推出后不久,接入"读秒"的数据源就超过了40 个。通过 API 接口,这些数据源可以被实时调取和使用。

另外,接入数据源以后,"读秒"还可以通过多个自建模型(如预估负债比、欺诈、预估收入等)对数据进行深入的清洗和挖掘,并在此基础上,综合平衡卡和决策引擎的相关建议来作出最终的信贷决策,而且所有的信贷决策都是平行进行的。

一般来说，只需要 10 秒左右的时间，"读秒"就可以作出信贷决策，在这背后，不仅有前期日积月累的数据以及对数据的分析，还有模型计算。在普通人看来，大数据、机器学习等前沿技术就好像一个大黑箱，但其实是可以找到一些规律的。

"读秒"的合作伙伴虽然经常会为其提供大量数据，但是真正有价值、有用途的数据基本上都是需要挖掘的。也就是说，并不是获取到数据，然后将其放在一个很神奇的机器学习模型里就可以预测结果，整个过程并没有那么简单。

例如，客户在申请信贷时会产生各种各样的数据，包括交易数据、信用数据、行为数据等，这些数据可以帮助金融机构深入了解客户，然而，这些数据是需要挖掘的，挖掘的过程与信贷的过程并不是融合的。

有了海量的数据之后，"读秒"需要利用距离、分组等决策算法，从这些数据中筛选适用的模型，以更好地规避风险。例如，一位客户在多个平台借款，那么"读秒"就会分析这个客户的借款频率，以及借款的次数和借款平台数量之间的关系，并基于此绘制客户画像、构建模型。

不同客户在不同平台留存的数据看起来并没有太大关联，实际上，这些数据会形成交织的网络，而且，随着客户数量的不断增加，留存的数据也会越来越多，"读秒"的自创模型就可以得到进一步优化，从而适用更多场景。

"读秒"的数据并不是面向一个客户，而是面向一群客户，也正是因为这样，再加上前期累积的数据，才造就了"读秒"的 10 秒决策速度。

如今，以"读秒"为代表的智能信贷解决方案不仅让信贷决策变得更加科学、合理、准确，让借贷方和金融机构免遭风险，还进一步提升了金融领域的稳定性和安全性。

三、智能投顾

智能投顾也被称为机器人理财,是由 AI 取代真人担任理财投资顾问,帮助用户答疑解惑。

1. 智能投顾主要的依赖因素

智能投顾主要依赖三个因素,如图 6-1 所示。

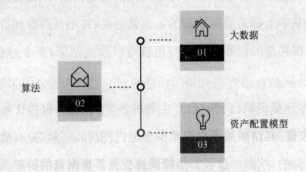

图 6-1　智能投顾依赖的三个因素

首先,智能投顾可以利用大数据技术有效识别用户的投资偏好以及预测投资风险。大数据技术能够有效提升智能投顾处理金融数据的效率,而且大数据技术与智能推荐技术的融合,能够为用户提供更精准、更有针对性的理财产品。

其次,智能投顾离不开算法的升级迭代。近年来,许多机器学习算法,如神经网络算法、深度学习算法等,不断与金融领域融合,借助这些算法,智能投顾就可以深度地进行股票预测。随着算法的进一步升级迭代,智能投顾的未来会更加光明。在资产配置领域,先进的算法会为投资者提供最优的投资组合,进一步降低他们的投资风险。

最后,智能投顾离不开优秀的资产配置模型。基于 AI 技术,资产配置模型能够起到信号监控以及量化管理的作用,能够促使投资者的决策更加理性。

2. 智能投顾主要的功能

智能投顾主要具有以下四个功能：

功能一：智能投顾必须能够从变化的规律中，利用大数据技术获得用户的投资风险偏好；

功能二：智能投顾必须能够利用投资风险偏好，结合风险控制模型，为用户提供个性化的金融理财方案，个性化的金融理财方案要充分考虑众多数据，例如，用户的年龄、性别、收入等基本数据，消费心理和近期消费行为等动态数据，只有这样，才能保证智能投顾的决策做到"千人千面"；

功能三：智能投顾必须对数据实时跟进，从而进一步调整用户的金融资产配置方案；

功能四：智能投顾必须最有效地利用最有价值的数据，避免出现很高的投资风险，让用户在可承受的风险范围内，获取最大化的价值。

智能投顾的案例有很多，下面以 Betterment 这一智能投顾企业为例进行深入讲述。

大家可能对 Betterment 比较陌生，但在美国市场，它可以称得上家喻户晓。Betterment 面向个人用户推出智能化的资产管理功能，例如，智能投顾可以向个人用户提供基金、股票、债权、房地产资产配置等多项功能。

Betterment 的独到之处在于始终以目标导向作为投资策略的基础。所谓目标导向，就是"以用户为中心"。Betterment 始终根据用户的理财目标，为他们智能推荐科学的、合适的资产配置组合方案，而且坚持完善用户的投资计划。这样，用户就能够获得风险相对较低但收益较大的投资方案。

例如，为用户制订退休储蓄计划时，Betterment 会根据用户的状况询问许多问题，包括退休金的年额度、用户的日常支出状况以及用户的社保计划、投资计划等。通盘考虑这些问题后，Betterment 会利用大数据技术和算法，智能地为用户提供一个达到既定目标的退休储蓄方案，使用户受益匪浅。

Betterment 智能投顾的开展，离不开强大的技术支持和完善的服务渠道。

一方面，Betterment 会全面地进行用户数据的采集与整合。他们的技术团队特地推出了一个新的整合账户的方法，即通过数据采集技术，把用户的银行账户、消费状况以及贷款情况等基本数据信息整合到一个新的账户中；之后，他们会给用户提供一个整合度高的资产配置建议。

另一方面，Betterment 也在不断扩展自身的服务渠道。Betterment 不仅直接面向直销市场为客户提供智能投顾服务，还为专业的金融投顾人员提供服务。服务渠道的拓宽，吸引了更多新用户，也提升了 Betterment 在智能投顾领域的知名度。

随着 AI 技术的进一步发展，智能投顾会有更光明的未来。整体来看，智能投顾将呈现的发展趋势，如图 6-2 所示。

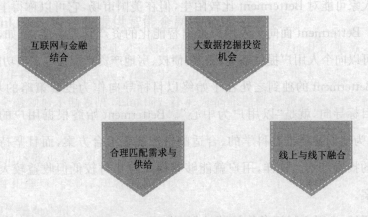

图 6-2　智能投顾的未来发展趋势

　　未来，智能投顾将会与互联网技术密切融合，借助搜索引擎优化技术进一步提升金融搜索的效率；大数据技术将会更广泛地应用于投资机会的挖掘；智能投顾的商业落地必须与用户的需求相匹配，这样才会有更大的盈利空间；线上线下融合也是智能投顾的发展趋势，渠道的拓宽会使智能投顾行业吸引更多的种子用户，从而带来更多的商业价值。

　　智能投顾的未来发展趋势代表着未来的发展方向，嗅觉敏锐的商业人士应该紧抓这些趋势，优化智能投顾产品，使智能投顾产品更加"接地气"、更加实用，为用户创造更多价值，这样才能够在智能投顾领域分得一杯羹。

四、智能监管与合规

　　金融行业在快速发展的同时，应该加强监管，保证金融交易合规。许多金融机构利用 AI 技术进行智能监管，保证金融交易的安全性和合规性，这种方法有利于降低监管成本，提高监管的效率与有效性，为用户提供更好的服务。

　　随着金融监管合规成本进一步增加，很多金融机构都意识到只有不断精简监管申报流程，才能够有效提高数据的精准性，进一步降低成本。金融监管合规领域的专业人士普遍认为，AI 监管科技能够实时自动化分析各类金融数据，提升数据处理能力，避免金融信息不对称。同时，AI 监管科技还能够帮助金融机构核查洗钱、信息披露以及监管套利等违规行为，提高违规处罚的效率和力度。

　　AI 金融监管主要借助两种方式进行自我学习，分别是规则推理和案例推理，如图 6-3 所示。

图 6-3　AI金融监管自我学习的两种方式

　　规则推理学习方式能够借助专家系统,反复模拟不同场景下的金融风险,更高效地识别系统性金融风险。

　　案例推理的学习方式主要是利用深度学习技术,让 AI 金融系统自主学习过去发生的监管案例。通过智能地学习、消化、吸收和理解,AI 金融监管系统能够智能、主动地对新的监管问题、风险状况进行评估和预防,给出最优的监管合规方案。

　　目前,AI 领域的核心技术之一——机器学习技术,已经广泛应用于金融监管合规领域。在这一领域,机器学习技术有三项落地化的应用,如图 6-4 所示。

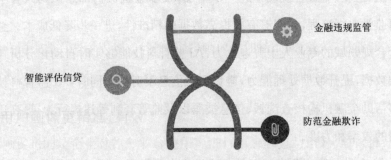

图 6-4　机器学习技术在金融监管合规领域的三项应用

1.金融违规监管

机器学习技术能够应用于各项金融违规监管工作中。例如,英国的

Intelligent Voice 公司研发出基于机器学习技术的语音转录工具，这种工具能够高效、实时监控金融交易员的电话，这样就能够在第一时间发现违规金融交易中的黑幕。Intelligent Voice 主要把这种工具销售给各大银行，银行的金融违规监管也因此有很大的受益。再如，位于旧金山的 Kinetica 公司能够为银行提供实时的金融风险敞口跟踪，从而保证金融操作的安全、合规。

2. 智能评估信贷

机器学习技术能够智能评估信贷。机器学习技术擅长智能化的金融决策，能够在这一领域发挥很大的作用。例如，Zest Finance 公司基于机器学习技术研发出一款智能化的信贷审核工具，这款工具能够对信贷客户的金融消费行为进行智能评估，并对用户的信用作出评分，这样银行就能够更好地作出高收益的信贷决策，金融监管也会更高效。

3. 防范金融欺诈

机器学习技术还能够防范金融欺诈。无论是面向支付业务的 Feedzai，还是面向保险业务的 Shift Technology 等初创型 AI 企业，抑或像 IBM 这样的巨头，都在积极研发、利用机器学习技术，以防范各种金融欺诈行为。例如，英国的一家创业企业 Monzo 建立了一个 AI 反欺诈模型，这一模型能够及时阻止金融诈骗者完成交易。

这样的技术对银行和用户都大有裨益。对于银行来说，金融监管合规的能力会得到进一步提升；对于用户来说，可以规避各种金融诈骗风险。

第三节　案例分析：企业如何实现智能金融

AI 在金融行业实现了广泛应用，许多企业都借助 AI 实现了智能金融。

例如，Money on toast 利用智能算法实现智能投顾，Linkface 为企业提供智能金融安全解决方案等。

一、Money on toast：利用智能算法实现智能投顾

英国有一个名为 Money on Toast 的智能投顾平台，利用智能算法收集金融顾问的专业知识。

Money on Toast 平台使用的智能算法收集许多不同专家的专业意见，公司表示这种技术和谷歌搜索取代黄页的技术相似——"就像谷歌可以取代黄页一样，新技术允许算法像人类顾问一样工作，有时甚至效果更好"。

Money on Toast 平台免费提供投资前的咨询服务，指导客户完成一系列问题回答，以便系统获知客户的经济情况和个人情况，然后为客户生成投资组合。投资组合从信托、无限制投资公司和盈富基金等理财产品中选取结合。

该平台的最低投资额度是每月 1 万英镑，平台的费用为 1.69％，更加方便当地客户进行投资。

二、Linkface：为企业提供智能金融安全解决方案

作为一家 AI 技术应用企业，Linkface 能够为企业提供智能化的服务，其诞生于清华科技园创业大厦，在诞生之初便获得了不少世界级奖项。随着 AI 在金融领域不断发展，Linkface 着手为企业提供智能金融安全解决方案。

正是凭借这种非常珍贵的钻研精神，Linkface 很快获得了投资者的关注和认可，并相继与 50 多家知名企业达成了深度合作，其中大多是互联网金融企业和传统商业银行。

Linkface 非常清楚地意识到，对于准入门槛非常高的金融领域而言，如何提高交易场景的安全指数是一个十分关键的问题，因此，Linkface 的最大

愿景就是为金融企业和金融机构提供星级安全服务，尽快打造一套完美的智能金融安全解决方案。

依托以深度学习为驱动的相关技术，Linkface构建了一个身份核验机制，该机制适用那些需要身份认证的场景，如远程开户、柜台开户、ATM交易、线上实名认证等，这样可以使"我是我"的认证过程更加高效，也更加安全。

Linkface的人脸识别技术具有相当高的安全系数，甚至可以与7位数字密码相媲美，即便如此，还是会有黑客用各种各样的不法手段对系统进行攻击。在这种情况下，Linkface活体检测技术就可以派上用场，它可以对不法攻击进行鉴别，从而最大限度地保证金融交易的安全。

未来，AI在金融安全方面的可能性还会越来越多，这不仅可以帮助金融企业和金融机构打造最高安全标准，还可以让金融工作变得更加高效、轻松，为金融领域创造更大的价值。

第七章

智能营销：千人千面不再是梦

随着用户需求的多样化发展，传统营销已经无法满足用户的要求，而AI与营销的相结合，可以实现智能营销。智能营销以数据为基础，为用户提供个性化的营销内容。在此基础上，千人千面的营销不再是梦。当前，Gucci（古驰）、花西子等不少企业都在智能营销方面作出了探索，为更多企业的智能营销实践指明了方向。

第一节　智能营销的三大表现

智能营销主要有三个表现：一是使用户画像更加精准、有效；二是能够为用户带来沉浸式体验；三是以虚拟数字人取代真人进行直播带货。

一、用户画像更精准、有效

用户画像指的是企业对各个平台的用户进行信息收集与信息分析，得到消费者属性、消费者偏好等数据后，形成的用户商业全貌的全景图。用户画像是营销的重要组成部分之一，能够帮助企业进行个性化分析，实现精准营销。用户画像主要包括性别、年龄、工作等信息。如果想要获得更加精准、有效的用户画像，可以按照六个维度进行分析，如图 7-1 所示。

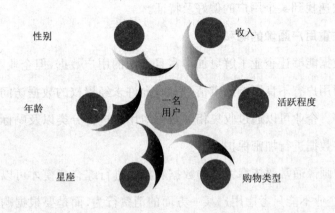

图 7-1　细分的用户画像

用户画像在最初应用的时候，内容十分简单，就相当于一个个人档案。而现在随着 AI、大数据、5G 等先进技术的发展，企业可以在短时间内捕捉到更加全面的信息，用户画像也因此变得更加精准。

例如，AI 出现以后，智能设备的保有量进一步上升，企业可以获取的数据不断增多，这些都使得用户画像的细分成为可能。为了抓住先进技术带来的机遇，在描绘用户画像时，企业应该做好以下几方面工作：

1. 建立用户画像方向或分类体系

给哪些用户画像？画什么样的像？会有什么样的画像分类和结果……这些问题并不是大数据系统自动产生的，而是需要企业来设定，因此，很多企业都在使用人工与大数据系统相结合的用户画像方法，即人工设计画像的方向和体系，通过大数据系统来执行，这种方法既可以保证用户画像的体系化，也能增强用户画像的实用性。

2. 研究用户的标签

企业在处理数据的过程中，通过制定用户标签，可以将数据进行快速分类和提取。标签是一种针对用户的简洁、标准化描述。企业能够通过汇总标签来快速找到某个用户的偏好及特征。

3. 注重用户画像的隐私

大数据能够让企业了解更加丰富且全面的用户数据，但企业不能借此做一些对用户有不良影响的事情，例如，允许未经授权的数据访问、用户数据滥用等。企业可以通过收集相关数据对用户进行分类以及贴标签，但也要对这些数据进行加密保护。

用户画像通常要依靠大量的数据和标签进行综合建模才可以完成，这意味着，企业不能只考虑用户某一方面的消费行为，而是要根据购物频次、消费比例、购物时间等多方面信息综合描绘用户画像。

二、虚拟营销场景带来沉浸式体验

社会经济的不断发展使得用户的消费水平、消费心理都得到了提升，用户不断探求新事物成为趋势。AR、VR 等虚拟技术以逼真的视觉效果和梦幻的体验俘获了用户的心，带给了用户不同的体验。而 AI 与 AR、VR 等虚拟技术相结合，能够为用户带来沉浸式的体验，尤其是在线上购物场景中，AI 与 AR、VR 等虚拟技术的结合应用能够大幅提升用户的体验感。

如今，线上购物已经成为用户购物的主要方式之一，许多企业尝试在线上打造多样玩法，以更多新奇的方式触达用户。例如，一些企业专注于虚拟营销场景的打造，实现虚实互动，以更加完善的沉浸式体验满足用户的消费新期待。

许多企业都尝试打造虚拟商城，将线下购物场景转移到线上，实现沉浸式营销，给用户提供更加沉浸的购物体验。例如，知名运动品牌 Nike（耐克）与当前火热的沙盒游戏平台 Roblox（罗布乐斯）展开合作，推出了大型虚拟旗舰店 Nikeland（耐克乐园）。用户不仅可以在 Nikeland 中进行常规购物，还可以操纵自己的虚拟化身参与许多小游戏，包括蹦床、与其他用户捉迷藏、跑酷等，获得沉浸式体验。

再如，阿里巴巴启动了"Buy＋"计划，使用户能够在虚拟商城购物，给用户带来开放式购物体验；IMM（international monetary market，国际货币市场）与电商平台 Shopee（虾皮）在新加坡共同打造了虚拟购物中心，通过在线服务增加线下零售商的收益。

企业进行沉浸式营销，需要搭建相应的虚拟购物场景。对此，众趣科技可以为企业提供帮助。众趣科技是一家 VR 数字空间解决方案提供商，拥有许多自主研发的空间扫描设备，再加上数字孪生、AI、3D 视觉算法、三维渲染等技术的加持，可以帮助企业构建虚拟购物场景。在具体操作上，众趣科技可以对线下购物场景进行三维立体重建，从而将线下购物场景完整、真实地复刻到虚拟世界中。

众趣科技打造的虚拟购物场景具有设置购物标签的功能。企业可以借助标签向用户展示产品详情与购买链接。同时，企业还可以设置快速导航，使用户能够快速找到自己需要的店铺，进一步提升用户的购物体验。

与众趣科技合作的企业众多，包括阿里巴巴、华为、红星美凯龙等。众趣科技致力于利用自己强大的技术帮助企业构建虚拟空间，为企业的虚拟营销提供助力。有了众趣科技的支持，企业可以为用户提供更优质的服务，能够让用户足不出户就能获得和线下购物几乎没有差别的沉浸式购物体验。

技术的发展使得虚拟营销成为现实。企业在虚拟空间搭建购物场景，能够突破地域的限制，吸引更多用户的关注。在虚拟购物场景，企业可以通过充满科技感的场景向用户展示自己的产品，促进交易达成。

三、虚拟数字人开始直播带货

明星、网红的频频翻车,真人直播时长有限等问题,阻碍了电商直播带货的发展,许多电商开始将目光转向虚拟数字人。虚拟数字人的应用不仅可以展示直播带货的新创意,还可以以年轻化的姿态吸引更多用户,具有更好的直播效果。随着技术的不断进步,虚拟数字人主播成为推动电商直播发展的重要力量。

2020年5月,知名虚拟偶像洛天依来到淘宝直播间,作为虚拟主播推销美的、欧舒丹等品牌产品,引发了众多粉丝的关注。整个直播过程中,直播间在线观看人数一度突破270万人,约200万人进行了打赏互动。

为什么洛天依直播带货能够引发众人关注?洛天依这位灰发、绿瞳,腰间系着中国结的虚拟偶像由上海禾念推出,一经问世就获得了大批粉丝的喜爱。在B站控股上海禾念后,洛天依成为B站的"当家花旦",举办了多场全息演唱会,参加了多家电视台的活动,影响力不断提升。

随着洛天依的出圈,其商业价值愈加凸显,不仅演唱会门票分秒售罄,产品代言和直播带货的能力也不容小觑。正因如此,洛天依开始走进品牌带货的直播间,以自己的影响力促进产品销售。

除了洛天依外,当前越来越多的虚拟主播开始走进电商直播间。抖音知名动画IP"我是不白吃""一禅小和尚"等都开始了直播带货,通过"真人+虚拟IP"的方式引爆销量,这些虚拟主播的带货能力不输真人明星,丰富了电商直播的内容,开启了直播带货的新模式。

除了虚拟偶像、虚拟IP等与品牌合作进行直播带货外,一些品牌也开始孵化自有虚拟主播,通过"真人主播+虚拟主播"的方式进行全天候不间断的直播。例如,自然堂就推出了虚拟主播"堂小美",她不仅可以专业、流畅地介绍不同产品的信息,还可以自然地和观众互动,如和刚进直播间的观众打招呼、根据观众评论的关键字作出相应的答复等。此外，在介绍产品的过程中，"堂小美"还会提醒观众使用优惠券、购物津贴等，十分贴心。

电商直播没有白天和夜晚的时间限制，同时，不同的时间段都可能会有用户走进直播间。为了提高用户的购物体验，很多品牌都引入了虚拟主播，开启了"真人主播＋虚拟主播"的双主播模式。

虚拟主播作为真人主播的补充，能够和真人主播进行交替直播，填补真人主播下播的空档，实现全天候直播，这使得无论用户什么时候进入直播间，都会有主播为其讲解产品、介绍优惠规则。同时，虚拟主播还能够丰富直播内容，让用户以另一种方式了解产品，提高品牌的科技感、新潮感，为用户提供全新的购物体验。可以预见，在虚拟主播的加持下，品牌全天候直播将成为常态。

以上虚拟主播直播带货的实践展示了企业入局这一领域的多样的方式。首先，企业可以选择与洛天依、初音未来等知名虚拟 IP 合作，邀请其作为直播间的嘉宾开启直播带货。其次，如果企业旗下已经有了一些知名的动画 IP、短视频 IP 等，可以依据其主角形象打造虚拟主播，在实现直播带货的同时还能够实现自有 IP 的延伸。最后，如果企业旗下没有知名 IP，也可以与魔珐科技、相芯科技等虚拟数字人解决方案提供商合作，打造自己专属的虚拟主播。

虚拟主播的引入或打造在初期将会加重企业的营销成本，但从营销效果来看，以知名虚拟 IP 作为虚拟主播可以借 IP 的影响力，大幅提升营销效果，而打造自有虚拟主播也可以填充真人主播下播的空档，实现全天候的直播销售。以长远的眼光来看，虚拟主播将在企业品牌与产品营销中持续发挥作用，助力企业销量增长。

第二节　AI 如何为营销赋能

AI 为营销赋能主要表现在两个方面：一是催生了全新商品展示方式——3D 模型；二是利用 AI 技术打造良好营销体验。

一、以 3D 模型实现产品展示

AI 能够为营销赋能，以 3D 模型实现产品展示，吸引更多用户的关注。如今，营销对于企业的发展具有重要影响，许多企业纷纷举办营销活动，吸引用户的注意力。AI 可以智能生成 3D 建模，为企业营销提供助力。企业可以借助 AI 制作 3D 建模，实现产品的虚拟展示、虚拟试用等，给用户带来身临其境的体验，促使用户达成交易。

与 2D 建模相比，3D 建模可以在线上全方位展示产品的外观，使用户深入了解产品，改善用户的线上购物体验，也可以节约用户的选购时间，快速达成交易。3D 建模的用途广泛，可以用于制作产品展示图、制作产品广告等。例如，用户可以在 3D 场景中自定义搭配各种 3D 家居产品，了解产品的搭配方案。

3D 建模可以使用户足不出户体验实地逛街的感觉。例如，天猫曾经打造了一个"天猫 3D 家装城"。用户只需要打开淘宝 App，搜索"天猫家装城"便可以进入 3D 世界。用户可以在 3D 房间内自由走动，感受全屋搭配的效果，也可以停留在某个地方，认真观看产品细节。

"天猫 3D 家装城"内有海量的 3D 房间，从北京最美家居店到上海复古的家居小店，许多线下实体家居卖场在"天猫 3D 家装城"内均实现了复刻。用户可以根据自己的需要进行选购。

"天猫 3D 家装城"给用户带来了沉浸式的购物体验，也给依靠线下体验的家装行业带来了颠覆性的变革。家装产品具有客单价高、退换成本高等特点，因此用户购买家装产品时十分谨慎，而"天猫3D家装城"能够让用户在线上实现所见即所得，提高了用户的体验感，也打通了线上线下融合的通道。

除了天猫外，许多企业也在产品虚拟展示与试用领域不断探索。例如，优衣库打造了虚拟试衣间、阿迪达斯推出了虚拟试鞋AR购物功能、宜家推出了虚拟家具选购计划。虽然当前3D建模还处在发展中，但在AI技术的助推下，未来将会涌现出更多好用的工具，降低3D建模的门槛，实现产品虚拟展示与试用的大规模商业化落地。

二、利用AI技术打造良好营销体验

技术的发展使得营销重点发生了变化，越来越多的企业开始将营销体验作为重点，借助AI技术打造丰富的营销活动，来提高企业的曝光度。企业给用户提供的营销体验的好坏主要从以下三个方面来衡量：互动性、实时性、沉浸感。

例如，2022年ChinaJoy（中国国际数码互动娱乐展览会）线上展在MetaJoy（橙风趣游）虚拟空间中举办。ChinaJoy作为娱乐领域十分具有影响力的年度盛会之一，在线上举办无疑是一次大胆的尝试。

ChinaJoy主办方表示，ChinaJoy线上展是MetaJoy虚拟空间的重要活动之一。往年的ChinaJoy线上展采取的是线下展会直播的形式，对于用户来说仅是单向输出。而此次的ChinaJoy线上展则注重增强平台互动性，以AI技术加强观众的参与感。

此次ChinaJoy线上展搭建了多个虚拟场景，包括"核心场景""媒体小镇"等模块，供用户观赏、参与。虚拟场景结合了众多互动玩法，如电商直播、互动小游戏等，大幅提升用户的参与度。MetaJoy还会定期举办明星见面会，支持用户与明星连线，进行直播互动等。此外，演唱会、舞蹈直播也采用虚实结合的方式，让更多用户获得更加沉浸的体验。借助 AI、虚拟现实等多种技术，MetaJoy 为用户打造一个互动性很高的虚拟世界。

2022 年以来，汽车行业中的很多企业都在虚拟空间开展营销活动。例如，奔驰在线上召开了虚拟发布会，给予用户实时性和沉浸感的体验。在虚拟发布会上，奔驰用一段短片展现了自己的发展历程，传递了品牌理念，同时公布了品牌未来的研习官——虚拟数字人 Mercedes。虚拟数字人和虚拟空间结合的方式，使得用户获得了沉浸式体验，进一步感知了品牌特色。

AI 时代的到来，催生了许多新的营销玩法。依托 AI 时代的各种技术而出现的虚拟空间，为品牌营销带来了许多变革。想要在虚拟空间进行营销，企业就应聚焦用户的体验感，以给用户带来互动性、实时性、沉浸感的营销体验为目标，积极探索虚拟营销新方式。

第三节　跟着行业巨头学习智能营销技巧

"AI＋营销"的方式已经有许多企业进行了实践，我们可以跟着行业巨头的脚步共同学习智能营销技巧，从中获得经验。例如，Gucci 在虚拟空间展开营销，形成自己的核心竞争力；花西子利用 AI 打造虚拟数字人，吸引用户；潮宏基将发布会搬入虚拟世界，打造元宇宙新品发布会。

一、花西子：打造虚拟数字人吸引用户

以 AI 为基础的虚拟数字人是一个热门概念，在很多领域都能释放价值。在品牌营销方面，虚拟数字人成为连接品牌与消费者的桥梁。一些品

牌尝试打造虚拟数字人 IP，将自己的品牌文化集中到虚拟数字人身上，利用虚拟数字人进行品牌宣传。

例如，国货彩妆品牌花西子打造了虚拟数字人"花西子"，传承东方文化，展现东方魅力。"花西子"的整体形象灵感源于苏轼的《饮湖上初晴后雨》中"欲把西湖比西子，淡妆浓抹总相宜"的诗句，整体形象以清丽脱俗为主，极具东方古典之美。为了增强该形象的记忆点，制作团队还研究了我国传统的面相美学，在建模时，特意在"花西子"眉间点了一颗"美人痣"，让其形象更有特色。同时，"花西子"还手持并蒂莲，传递了花西子"同心同德，如意吉祥"的美好愿景。

在推出"花西子"后，花西子宣布其将作为自身品牌的形象代言人，参与品牌营销。"花西子"可以和用户聊天，为前来咨询的用户提供具有针对性的美妆建议。同时，"花西子"也积极切入直播带货赛道，除了与自家主播合作以外，还和外界主播携手直播，引爆产品销量。

而谈到"花西子"的未来发展时，花西子表示，"花西子"在当前以及未来很长的一段时间内都将处于学习成长阶段，并将不断地完善自身功能和性格。未来"花西子"如何发展是由粉丝决定的。由此可以看出，花西子将"花西子"设定成一位"养成型"的虚拟数字人，会基于用户的需求进化成长。同时在成长过程中，"花西子"也将向世界更好地展示东方美。

花西子基于精准的人群定位打造了"花西子"这一虚拟数字人，并将这个形象运用到品牌推广的各个环节中，这可以使品牌与目标用户产生情感共鸣，使用户对品牌产生信任，从而购买产品。

二、潮宏基：打造元宇宙新品发布会

2022 年 4 月，潮宏基珠宝在线上举行了以"东方未来，闪耀新生"为主题的彩金潮流新品发布会，这是珠宝行业首个"元宇宙新品发布会"，吸引了许多用户的关注。潮宏基在此次发布会上，推出了彩金系列珠宝产品，该系列产品以东方传统代表性元素作为创作灵感，并使用了非遗花丝镶嵌工艺，完美呈现彩金珠宝肌理，展现出东方美学与现代东方女性自信从容的魅力。

潮宏基在发布会上采用了 AI 技术、CG（computer graphics，计算机图形学）技术与实时多维交互技术，实现了跨次元交互，向用户展现了"东方元宇宙"。在"东方元宇宙"场景中，过去与未来、传统与现代汇聚于同一个时空，向用户展示了虚拟技术的魅力。

其中，特别环节是潮宏基珠宝品牌总监与潮宏基推出的虚拟数字人"SHINEE 闪闪"共同游览花丝风雨桥。花丝风雨桥的原型是位于重庆黔江濯水古镇的风雨廊桥，潮宏基利用花丝镶嵌工艺将其复刻。同时，借助虚拟技术，潮宏基将花丝风雨桥在虚拟空间放大数倍，向用户展示了花丝镶嵌艺术的精美。潮宏基此次主打的"花丝风雨桥"系列珠宝更是让人眼前一亮，这一套珠宝借鉴了风雨桥塔楼飞檐造型，重现了廊桥魅影，在工艺上使用了"花丝镶嵌"工艺，经过多道花丝工序制作而成，显得十分精美。

总之，借助元宇宙新品发布会，潮宏基吸引了许多用户。未来，潮宏基将在智能营销方面不断探索，借 AI 技术探索更多营销方式。

第八章

智能医疗：最大化发挥医疗价值

AI 的加入加速了医疗行业的智能化进程。医疗行业一直存在医疗成本高、问诊效率低等问题，随着 AI 应用于医疗行业，这些问题将会得到有效解决。AI 将会赋能医疗的全过程，既能够分析、预测数据，又可以辅助医生问诊，能够最大化发挥医疗价值。

第一节　智能医疗：AI 时代的商业爆点

随着生活水平的提高，人们对医疗的需求不断上涨。AI 应用于医疗行业，能够打通数据壁垒，推动数字化医疗发展；对疾病进行预测，降低人们的患病概率。智能医疗有诸多好处，能够满足人们的多种需求，成为 AI 时代的商业爆点。

一、打通数据壁垒，助推数字化医疗发展

医疗行业进行数字化转型能够显著提高其运营效率。在 AI 技术的帮助下，医疗机构能够打通医疗数据壁垒，实现数据互通，提高医生的诊断效率。随着 AI 技术的进一步发展，医疗机构将会迎来更多变革。

在 AI 浪潮下,医疗机构在宏观层面要进行大变革,以适应大趋势;在微观层面要拥抱信息化、拥抱大数据。以医疗机构信息化的代表性产物——电子病历为例,阐明 AI 对医疗机构信息化的意义。

电子病历是一个储存库,里面汇集患者所有的健康数据。医生可以在其中查看患者所有的健康数据,这对指导医生用药有很大的帮助。另外,在征得患者同意的前提下,电子病历可对外开放,给研究人员进行疾病研究提供帮助。

纸质病历保存不易、查找困难,智慧医疗的第一步就是将患者的纸质病历电子化。形成电子病历后,人工智能技术能够使电子病历有更多的应用空间和应用场景,如精准匹配临床试验的患者等。

在进行临床试验的过程中,最困难的步骤是将患者和临床试验进行匹配。造成这个困境的原因有很多,例如,医生的空余时间有限,很难获得实时更新的临床试验信息,无法向患者及时发布;大部分患者即使看到试验信息,因不清楚自身适合参加什么类型的临床试验而选择放弃等。电子病历出现以后,这些困境得到解决,但仍不能完美解决精准匹配患者和临床试验的问题。

Mendel. ai 公司开发出一个针对临床试验招募的人工智能系统用以解决上述问题。患者在该系统中自行上传或委托医生上传电子病历,系统自动将患者的健康数据和录入的临床试验数据进行实时精准匹配,并实时刷新匹配结果。一旦匹配成功,系统会立刻通知患者参加临床试验。

在临床试验中,不同的试验组会有不同的入组标准,入组前的检查需要由人工完成。试验人员需要将招募的患者的情况和每一条入组标准进行对比,以明确患者能否入组。电子病历的出现使患者的数据提取变得更加容易,数据匹配工作的效率提高。Mendel. ai 公司负责人曾表示,这些试验数据每周都更新,单靠人力进行数据匹配是不现实的。

人工智能技术的出现使智能匹配临床试验数据成为可能。Mendel. ai

公司利用人工智能技术,在患者、医院、临床机构三者之间搭建沟通的桥梁,加速了医疗行业精准匹配临床试验的进程。

从 Mendel. ai 公司的案例中我们可以知道,人工智能技术可实现智能匹配患者和医疗机构。智能医疗的最终目的是打通整个医疗行业的数据壁垒,提高医疗机构运营效率。初步的信息化发展预示数据全面联通的可能,人工智能技术的加入则带来打通数据壁垒智能匹配数据的希望。人工智能技术在医疗机构中的运用能够进一步提升医疗机构的运营效率。

二、预测疾病发生,降低患病概率

AI 技术能够以数据为基础进行分析,提前预测疾病的发生,这种能力能够使用户提前进行疾病预防,降低用户患病的概率。AI 技术在医疗健康领域的发展,给智能预测疾病带来新的可能。

谷歌大脑和 Verily 企业曾联合开发一个用以诊断乳腺癌的 AI 系统。企业将患者的病理切片和正常组织的切片转换成数码图像,为 AI 系统提供学习数据。在智能系统和人类资深病理学家的比拼中,人类资深病理学家分析 130 张切片用时 30 多个小时,准确率为 73.3%;AI 系统只用几个小时就完成分析,且正确率高达 88.5%。

一张病理切片在显微镜下放大后成为细胞结构的组织图,病理学家的工作是分辨几百张图片中哪一部分的细胞出现问题,就如一位谷歌科学家所说"在 1 000 张含有数千万像素的高清照片中辨别哪一个像素块儿可能出现了问题",显然,这份工作对人类来说极度困难,对 AI 来说却轻而易举。

在癌症预测上,AI 的表现一直非常出色。斯坦福大学的一个科研小组曾开发一款智能系统,用以检测人们是否患有皮肤癌。通过图像识别和深度学习算法,系统可以直接通过识别照片的方式,检测照片上的人是否患有皮肤癌。经过测试,系统的准确率超过世界顶级的皮肤病医生。

除了癌症的预测，AI 技术还用于诊断其他疑难杂症，如婴儿的自闭症。北卡罗来纳大学的研究人员开发出一套智能算法，用以检测婴儿是否有患自闭症的倾向。

通过对脑部数据的深度学习，智能算法能够判断婴儿的大脑生长发育速度是否正常，以此作为判断其是否患自闭症的依据。智能算法可以检测刚满 6 个月至 1 岁的婴儿大脑生长速度是否存在异常，越早检测出异常情况，就可以越早治疗。处于婴儿阶段的人类大脑最具可塑性，相较于确诊后治疗，提前介入的治疗效果更好，这也是北卡罗来纳大学积极应用 AI 技术进行自闭症检测的重要原因。

在互联网时代的背景下，大量的数据一方面使医学专家拥有足够的数据进行研究；另一方面又带来海量的垃圾数据，带给医学专家很多困扰。相较于人工处理数据，AI 技术的优势在于快速接收、筛选、智能匹配有用的信息。一方面，智能疾病预测能够提高医疗行业的疾病预测准确率，使人们提前预防或进行早期治疗，降低疾病发生的风险；另一方面，AI 在疾病预测上的应用可以将病理学家从繁重的切片辨识工作中解放出来，使他们有更多的时间进行医学研究。

除了快速处理数据的能力，AI 还拥有人类不具有的"过目不忘"的特点，能够在深度学习的基础上不断完善自身的决策、判断，为医生提供可供参考的治疗方案。

第二节 AI 赋能医疗全流程

AI 在医疗行业的应用场景十分丰富，能够赋能医疗全流程。具体来说，AI能够在辅助诊断、药物研发、个体化医疗、医疗图像分析、健康管理、智能手术、医疗数据分析、健康咨询等方面助力医疗智能化。

一、辅助诊断：实现多种疾病智能诊断

当前，AI在医疗领域的应用为病理诊断带来了变革，让病理诊断变得更加高效。作为疾病诊断的依据之一，病理诊断能够对患者组织标本进行检查和判断，在明确肿瘤性质、分型等方面起着重要作用，能够为医生确定肿瘤患者的治疗方案提供重要依据。随着肿瘤发病率的提升，病理诊断工作面临巨大挑战。

而在病理诊断数字化发展的基础上，AI的融入能够大幅提升病理诊断的效率和质量。传统的人工病理阅片往往会耗费大量时间与精力，医生需要对所有病理切片进行反复分析，而AI算法可以补足这一短板，提升病理诊断的效率和准确率。

首先，病理诊断数字化发展使得数字病理成为现实。数字病理扫描系统可以将染色切片转换为清晰的数字化图像，在此基础上，医生可以对所有切片图像进行管理与共享，提升病理阅片的效率；同时，这也为病理诊断的智慧化发展奠定了基础。其次，凭借海量的数字化染色切片形成的数据集与AI算法，AI辅助诊断系统能够实现更加智能的病理阅片，实现对病理切片的判读，辅助医生进行更加准确的病理诊断。

当前，已经有不少企业在AI辅助诊断方面作出了探索。例如，医疗诊断领域领导者罗氏诊断推出了数字病理诊断AI开放生态平台，该平台整合了罗氏诊断原有病理诊断产品的优势，同时新增了AI创新引擎，最终形成了包括自动化染色、数字化扫描、智慧化分析的完善的智慧诊断解决方案。基于此，该平台能够以精准的病理诊断结果为精准诊疗、精准用药等提供助力。

再如，商汤科技也推出了自主研发的 AI 数字阅片平台，辅助医生作出诊断，该平台可以帮助医生快速筛选阴性病例，让医生将更多精力投入对可疑病变细胞和组织区域的诊断中，提高医生的阅片速度；同时，AI 检查结果能够自动导入诊断报告，提高生成诊断报告的效率。

未来，AI 与病理诊断的融合将会更加深入，为医院的智慧化建设提供助力。AI 对碎片化的病理信息的整合，可以形成数字病理数据库，这一数据库与医院 AI 数字病理平台的结合，将大幅提升医院病理标注、病理科研的效率，助力医院数字化智慧病理科的建设。

二、药物研发：提供科学分析和预测

传统的药物研发具有耗时长、研发效率低下、研发成本高等缺点，为了提升效率，许多企业开始借助 AI 进行药物研发，药物研发领域发生了巨大变革。AI 药物研发可以根据医药大数据，对药物的功效进行分析，提高药物研发的效率，降低药物研发的成本。同时，借助 AI 技术，药物的活性、药物的安全性以及药物的副作用都可以被智能地预测出来。

很多企业都希望借助 AI 技术提升药物研发的效率，从而节省研发成本，取得更好的研发成效。目前，借助深度学习等算法，AI 已经在肿瘤、心血管等常见疾病的药物研发方面取得了重大的突破。

例如，Berg Health 就是一家 AI 驱动的生物医药公司，在 AI 药物研发方面有着深厚的积累，其实现了生物标记库建模分析，即通过创建细胞株，对其蛋白质、代谢物等进行标识，打造庞大的生物标记库，同时模拟不同患者的状态，从不同的细胞株中生成海量的数据节点，最后通过 AI 计算与建模分析，为药物研发提供更加精准、科学的数据分析结果。

为了使 AI 在药物研发方面发挥更大的作用，使药物更有质量保证，药物研发企业需要做好把控。

首先，做好大数据把控。具体来说，大数据必须精确、质量高、数量多。大数据是企业发展的必要支撑，如果没有精准的大数据，研发、管理工作就没有依据。药物研发企业需要积累高质量的数据，打造专业数据库，以获得能够支撑药物研发工作的资料。

其次，积极开拓药物市场。有了好的市场前景，研发机构自然而然就会积极地进行药物研发。在开拓药物市场时，研发企业除了要积极通过新媒体渠道进行宣传以外，还应该与权威的医院或者医生达成合作。如此一来，由 AI 研发出来的药物才会迅速在市场上获得积极的反馈。

最后，积极培养药物研发人才。AI 赋能药物研发，实际上是新兴科技赋能传统行业的交叉领域，因此既需要了解 AI 的人才，也需要懂得药物研发的人才。相较于 AI 领域的人才，药物研发人才更为稀缺，无论是从教育角度还是科学研究角度来看，都要积极培养这类人才，在培养的过程中，要给予其充分的资金支持以及人文关怀，这样，他们的研发动力就会更足。

传统药物研发存在一些问题，AI 可以为其注入新的活力，促进其发展。与此同时，要想使"AI＋药物研发"尽快落地，药物研发企业就要做好数据积累，而且还要积极开拓市场、培养人才。

三、个体化医疗：为患者打造个体化治疗方案

AI 在医疗领域的应用助推了个体化医疗的发展。借助 AI 算法、大数据分析等，医生可以为患者提供个性化的治疗方案。

个体化医疗也被称为精准医疗，指的是基于个体患者的身体状况、生活环境、生活方式等采取个性化的医疗方式。相较于以往"一刀切"的治疗方法，个体化医疗能够极大地提高治疗效果和患者的生活质量。

AI 与个体化医疗的结合，将加快个体化医疗发展的步伐，这主要表现在以下两个方面：

1. 疾病诊断和提供治疗方案

在疾病诊断中,个体化医疗可以基于 AI 与大数据分析对比患者的病情资料,更早地发现疾病迹象,及时为患者提供治疗。同时,AI 可以根据患者的基因、病史、生活习惯等,为患者提供个性化的治疗方案。此外,通过对不同病例的分析和比较,AI 能够预测不同治疗方案的疗效,为患者提供最佳治疗方案。

2. 针对个体患者进行疾病预测

借助 AI 算法,个体化医疗可以根据患者的基因、生活习惯等因素,预测其健康风险因素,从而提前采取预防措施。例如,在心脏疾病预防中,AI 可以根据患者基因、生活方式等因素,预测其患心脏病的风险,为其提供个性化的预防方案。

个体化医疗的优势众多:一是可以根据患者的身体特点为其提供个性化的治疗方案,提高治疗效果;二是可以减轻医疗压力,推动健康产业发展,个体化医疗能够减少不必要的诊断和治疗,减少资源浪费;三是对疾病的预防和干预,可以降低疾病治疗的难度,降低医疗成本。

未来,AI 将在个体化医疗的发展中发挥更大作用,以更加全面、科学的分析为患者提供更加精准的治疗方案,帮助患者获得更好的疗效。

四、医疗图像分析:分析多种医学影像

AI 在医疗领域发挥着重要的作用。许多医学影像需要医生进行人工分析,增加了医生的工作负担,还存在失误的风险。而 AI 进入医学影像领域,可以帮助医生进行医学影像识别,提高医生分析医学影像的准确性与效率,为患者提供更高效、更精准的医疗服务。

例如,腾讯推出了以 AI 为基础的"腾讯觅影",以减轻医生的工作负担。在最开始时,该产品只可以对食管癌进行早期筛查,但现在已经可以对

多种癌症，如乳腺癌、结肠癌、肺癌、胃癌等进行早期筛查。目前，已经有超过 100 家三甲医院成功引入"腾讯觅影"。

从临床上来看，"腾讯觅影"的敏感度已经超过 85％，识别准确率达到 90％，特异度更是高达 99％。不仅如此，只需要几秒钟的时间，"腾讯觅影"就可以帮医生"看"一张影像图。在这一过程中，"腾讯觅影"不仅可以自动识别并定位疾病根源，还会提醒医生对可疑影像图进行复审。例如，从消化道疾病来看，我国的食管胃肠癌诊断率低于 15％，5 年生存率仅为 30％～50％，"腾讯觅影"提高我国的胃肠癌早诊早治率，每年可减少数十万的晚期病例。

可见，"腾讯觅影"有利于帮助医生更好地对疾病进行预测和判断，从而提高医生的工作效率，减少医疗资源的浪费。更重要的是，"腾讯觅影"还可以总结、积累之前的经验，提升医生治疗癌症等疾病的能力。

很多企业都在积极布局智能医疗领域，但不是有了成千上万的影像图就能作出正确的疾病诊断，而是要依靠高质量、高标准的医学素材。在全产业链合作方面，"腾讯觅影"已经与多家三甲医院合作建立了智能医学实验室，而那些具有丰富经验的医生和人工智能专家也联合起来，共同推进人工智能在医疗领域的真正落地。

目前，AI 需要攻克的最大难点就是从辅助诊断到应用于精准医疗。例如，宫颈癌筛查的刮片如果采样没有采好，最后很可能会误诊。采用人工智能技术之后，就可以对整个刮片进行分析，从而迅速、准确地判断是不是宫颈癌。

通过"腾讯觅影"的案例我们可以知道，在影像识别方面，AI 已经发挥出强大作用。未来，更多的医院将引入 AI 技术、设备，这样不仅可以提升医院的自动化、智能化程度，还可以提升医生的诊断效率以及患者的诊疗体验。

五、健康管理：提供健康管理建议，预测健康风险

AI 与健康管理的结合，能够帮助用户实现自我健康监控。AI 能够与各种智能健康监控设备相结合，对各项健康数据进行综合分析，提高用户的健康管理能力。当前，随着 AI、传感器、智能硬件等的发展，智能健康管理已经在一些领域落地，如图 8-1 所示。

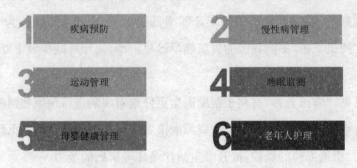

图 8-1 智能健康管理落地的六个方面

1. 疾病预防

疾病预防应用可以收集用户的饮食习惯、服药习惯等生活习惯，通过数据分析，对用户的身体健康状况进行评估，让用户准确地了解自身身体状况；同时，还可以纠正用户的不良行为和生活习惯，提升用户的健康水平。

2. 慢性病管理

很多身患慢性病的患者，都需要进行长期的健康管理。针对这一需求，慢性病管理应用可以监测患者的病情变化情况，并为患者就医提供帮助。慢性病管理应用可以通过语义分析、理解指令等，记录患者的各项身体指标、饮食与药物摄入情况等。当患者的身体数据发生变化时，慢性病管理应用能够及时发现问题，提醒患者就医。

3. 运动管理

运动管理也是健康管理的重要内容。运动管理应用能够通过可穿戴设

备收集用户的各种运动数据，了解用户运动的节奏，为用户提供科学的运动方案；同时，其也能够识别用户身体健康问题，给出有针对性的运动建议，帮助用户改善身体健康状况。

4. 睡眠监测

睡眠监测是健康管理的重要内容。当前，市场上一些睡眠监测应用能够监测用户的睡眠习惯、睡眠时间、心率、呼吸速率等，并对用户的睡眠质量进行打分；同时，睡眠监测应用也能够评测用户周围环境对睡眠质量造成的影响。

5. 母婴健康管理

AI 在母婴健康管理方面的应用分为两个方面：一方面，对女性受孕前后的数据进行监测，如对女性的生理症状、睡眠质量等进行监测；另一方面，智能回答育儿知识，包括母婴健康、育儿技能等多个方面的问题。例如，Owlet 智能袜可以监测宝宝的健康状况，记录宝宝的血氧水平、睡眠质量等，在监测到异常状况时通过连接的手机或计算机通知父母。

6. 老年人护理

老年人护理应用主要用于监测老年人的健康状况，让家人可以随时了解老年人的身体状况，并在必要时进行及时救助。老年人护理应用可以通过各种传感器收集数据，一旦监测到反常行为或突发状况，就会立刻通知用户的家人或朋友。

未来，随着 AI 技术以及智能设备的发展，以上这些智能健康管理应用有望从分散走向统一，具备多样的健康管理功能，为用户提供全方位的健康管理服务。

六、智能手术：AI 让手术机器人更智能

随着 AI 的发展，机器人辅助手术也迎来了新的发展契机。AI 在手术

机器人方面的应用优势主要表现在三个方面,如图 8-2 所示。

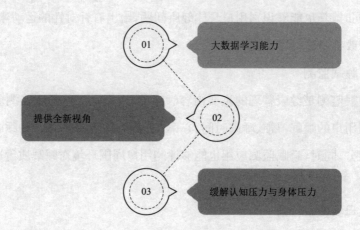

图 8-2　AI 在手术机器人方面的应用优势

1. 大数据学习能力

医生往往需要经过数十年的努力,才能具备高超的技术,同时其认知存在一定的局限性。而手术机器人可以基于大数据学习能力的优势,在短时间内收集海量信息,准确记住各种手术内容。基于此,手术机器人可以成为医生的学习工具,对医生进行不同手术方法的培训,提升其手术技能。

2. 提供全新视角

通过对海量手术数据的学习,基于 AI 的手术机器人能够生成专业的手术建议,为医生制定手术方案提供全新的视角,为患者提供更好的手术体验。

3. 缓解认知压力与身体压力

通过手术操作监控、警报等功能,基于 AI 的手术机器人能够对手术进行指导,有效精简手术流程。根据不同患者的不同需求,手术机器人可以制定更具针对性的手术方案,减轻医生的认知压力与手术压力,使手术获得更好的效果。

同时，手术机器人能够依据数据分析，为医生提供更加符合人体工程学的手术方案，减轻医生在手术中的身体压力。

当前，在医疗实践中，手术机器人的应用已经成为现实。例如，荷兰的马斯特里赫特大学医疗中心曾在一次外科手术中使用 AI 驱动的手术机器人，该手术机器人成功缝合了一名患者的血管。

在手术过程中，手术机器人由一名外科医生操纵。在医生的操纵下，手术机器人可以精准地进行手术操作。同时，手术机器人能够避免医生因手部抖动而给患者带来意外伤害，更准确地完成操作。

未来，随着人机互动技术的发展，外科医生可以通过手部动作、语音等多种方式操作手术机器人。手术机器人可以在外科医生的操作下，完成更加多样化的手术。

七、医疗数据分析：智能分析海量医疗数据

在医疗数字化发展的过程中，医疗数据的数字化管理是其中的关键环节。随着医疗数据的不断增长，怎样有效管理这些数据、提高医疗服务质量，成为一个重要课题。同时，AI 在医疗数据管理中的作用也越来越明显。

医疗数据多种多样，主要包括患者个人信息、医疗记录、治疗方案等。医疗数据的价值巨大，可以为医疗机构改进服务、进行医疗研究等提供支持，但目前，医疗数据的收集、分析等面临数据安全、隐私保护等挑战，医疗数据之间存在明显的孤岛效应，数据之间的壁垒难以被打破。

AI 在医疗数据管理中发挥重要作用，其优势表现在可以自动处理大量数据，并通过复杂的算法模型，提高数据分析的准确性。具体而言，AI 在医疗数据管理中可以发挥以下几个作用：

（1）医疗数据管理平台搭建。凭借 AI 技术，医疗机构可以搭建医疗数据管理平台，实现海量医疗数据的收集、存储、分析等。医疗数据管理平台

可以通过数据清洗、数据加密等技术,保证数据的质量和安全。

(2)医疗数据分析。通过 AI、深度学习等技术,医疗机构可以构建各种数据分析模型,为医疗决策和医疗分析提供支持。

(3)数据挖掘和预测。AI 算法可以实现医疗数据的挖掘和预测,发现疾病早期迹象并预测疾病发展趋势。

AI 在医疗数据管理中的应用,既提高了数据处理的效率,也提高了数据分析的准确性,能够为医疗机构提供更加强大的支持。未来,随着 AI 的持续发展和应用,医疗数据管理将变得更加智慧,医疗数据分析也将变得更加精准。

八、健康咨询:全天候提供健康咨询服务

随着 AI 在医疗领域应用的深入,其应用场景越来越多,其中就包括健康咨询。当前,不少企业都推出了 AI 健康咨询服务。2023 年 5 月,在线医疗健康服务提供商春雨医生推出了基于大模型的 AI 在线问诊应用“春雨慧问”,向用户免费开放试用。

作为互联网医疗在线问诊产品的开创者,春雨医生在以往的服务中,积累了海量的优质医患问诊数据。基于此,春雨医生进行了医疗健康垂直领域的大模型训练,并推出了“春雨慧问产品”。“春雨慧问”拥有春雨平台数十万执业医师的问诊经验,能够自然地与用户沟通,根据用户的描述、病史等了解病情,依据丰富的专业知识和病情数据为用户提供个性化的诊疗建议。在整个咨询过程中,真人医生只需要审核 AI 最终给出的建议即可,大幅提升了在线健康咨询的效率。

以往,春雨医生旗下的在线问诊服务以 7×24 小时全天候服务、快速响应为优势,而“春雨慧问”产品的推出,进一步提升了春雨医生的医疗服务能力。用户可以打开手机随时提问、实时与“春雨慧问”互动。在提升交互体

验的同时，"春雨慧问"还能够根据用户的咨询，给出详尽、系统化的回答。此外，"春雨慧问"还具有很多人性化的功能，如追问用户的身体状况、安抚用户的情绪、向用户推荐医院或医生、给出饮食建议等。

除了春雨医生外，一些 AI 科技公司、医院等也推出了医疗健康咨询服务，这些 AI 在线问诊应用往往具备丰富的医疗知识，能够提供不同领域的专业健康咨询服务；同时，这些应用还能够做到快速响应，随时随地为用户提供服务。此外，在提升体验方面，不少 AI 在线问诊应用都有专属的虚拟形象，能够为用户提供人性化的关怀，体现 AI 的温情。

随着 AI 的发展，在线健康咨询将变得更加智能。或许在未来，每个人都将拥有属于自己的 AI 健康顾问，随时随地享受个性化的医疗健康服务。

第三节 智能医疗案例大汇总

智能医疗的热度不断升高引得许多企业纷纷入局，也涌现出了许多优秀的行业案例。例如，触脉 AI 医生助理成为医生的得力助手；Google 利用 AI 进行病情诊断；ExoAtlet 为身障人士提供复健工具。

一、触脉 AI 医生助理：医生得力助手

医生的日常工作十分繁忙，有时无法及时跟进患者的情况。针对这种情况，上海触脉数字医疗科技有限公司推出了一款名为 Touchless（无触控）的软件，作为医生的 AI 助手。

Touchless 主要面向专科、科研和医疗机构，能够帮助医生对病人进行智能化管理。借助 Touchless 软件，医生可以与病人进行良好的沟通，及时

了解病人入院前、住院中和出院后的情况。Touchless 主要有八大功能,如图 8-3 所示。

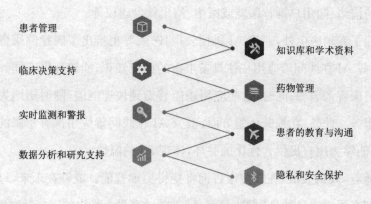

患者管理　　　　　　　　　　　　知识库和学术资料

临床决策支持　　　　　　　　　　药物管理

实时监测和警报　　　　　　　　　患者的教育与沟通

数据分析和研究支持　　　　　　　隐私和安全保护

图 8-3　Touchless 的八大功能

(1)患者管理。Touchless 能够对病人的基本信息进行保存,包括病人的基本信息、所患疾病、就诊记录等,能够及时更新病人的资料,为医生提供最新的病人数据。

(2)知识库和学术资料。Touchless 内置强大的知识库和学术资料,为医生提供资料支持;同时,其还能够根据病人的病情为医生提供相应资料,帮助医生作出更准确的诊断。

(3)临床决策支持。Touchless 可以对病人的数据进行分析,并根据病人的情况为医生提供临床建议和决策支持。

(4)药物管理。Touchless 能够对药物进行管理,包括记录药物数据、药物副作用等,使药物的使用更加安全。

(5)实时监测和警报。Touchless 能够对病人的病情进行监测,当病人的情况出现异常时,其能够及时给医生发出警报。

(6)患者的教育与沟通。Touchless 能够为患者提供健康教育、病情解释等服务,帮助患者更好地了解自身的情况,并为患者与医生在线沟通提供平台。

（7）数据分析和研究支持。Touchless 能够对病人的数据进行提取和分析，找出有用的信息，更好地帮助医生研究病情；同时，还具有数据可视化、统计分析等功能，能够助力医疗质量的提升。

（8）隐私和安全保护。Touchless 能够对病人的隐私与安全进行保护，防止数据泄露的事情发生。

二、Google：利用 AI 进行病情诊断

在 AI 问诊领域，Google 取得了突破性的进展，能够对糖尿病性视网膜病变进行诊断。

糖尿病性视网膜病变是一种令糖尿病患者非常担忧的眼部疾病，这种眼部疾病极易导致糖尿病患者失明。相关权威数据报告显示，全世界有 4 亿多名糖尿病患者面临糖尿病性视网膜病变的风险。

糖尿病性视网膜病变导致失明的原因在于，连接视网膜的光敏器官病变，其中的微小血管坏死。糖尿病患者的血糖高，导致血压升高，高血压会压迫血管，如果病变出现在眼部，而且不进行科学的预防和诊断，就会损伤眼部血管，短期会引发视觉模糊，长期则会有失明的风险。

其实，糖尿病性视网膜病变在早期是可以预防的，如果早预防、早诊断，就能够降低发病的概率，这样一些糖尿病患者就不会有失明的风险，他们仍然可以看到美丽的天空和多彩的世界。

检测糖尿病性视网膜病变的最常见的方法就是让专业的医生对患者进行科学的检查。一般来说，专科医生会借助医疗影像仔细检查患者眼后部的照片，以确定糖尿病患者是否面临眼部病变的风险。正常情况下，所有的糖尿病患者每年都应该进行系统的筛查，从而得到科学的诊断和良好的护理。

可是，由于经济水平和科技发展的限制，很多糖尿病患者还是因此失

明。如今,AI 的发展,特别是算法技术的进步,将会给糖尿病患者带来福音。

Google 团队曾经搜集了来自美国和印度眼科医院患者超过 12.8 万张的眼部照片,创建了一个超大规模的眼科数据集。借助神经网络技术和深度学习算法,Google 让 AI 系统自主检测这些照片,判断病变的特征,从而提高 AI 的诊断水平。在经过大量的眼底影像数据训练后,Google 算法能够精准地检测糖尿病性视网膜病变。目前,Google 在这方面诊断的准确率已经超过 90%。

Google 团队的相关研究人员根据这一训练,在《美国医学会杂志》上发表了一篇深度的论文。在论文中,研究人员明确地指出了 Google 算法诊断糖尿病性视网膜病变的优势。对于糖尿病性视网膜病变患者来说,Google 算法的问世无疑是令人振奋的好消息。

可是一些专业人士认为,目前 Google 算法的精确度还不够,需要寻找新的方法,还需要与专业的医生合作。Google 旗下的 DeepMind 部门致力于将深度学习算法和 3D 成像技术进行紧密结合,通过这种技术上的配合,进一步帮助医生提高眼病诊断的准确度,给眼部病变的患者带来更大的康复希望。

三、ExoAtlet:身障人士复健的工具

为了帮助身障人士复健,智能外骨骼被研发出来。智能外骨骼往往由一些电动关节组成,可以为身障人士提供额外的行动支持力,提高身体负荷能力。智能外骨骼的发展速度较慢,直到匹兹堡卡内基梅隆大学的相关研究人员研发了一套新的机器学习算法,智能外骨骼的发展才迎来了春天。机器学习算法的核心是深度学习,借助这项技术,智能外骨骼能够为不同的人提供个性化的运动解决方案以及个性化的康复方案。

借助深度学习，智能外骨骼有了更为人性化的设计，给身障人士带来良好的体验。整体而言，基于人体仿生学的智能外骨骼有三个显著的优势：

首先，智能外骨骼类似我们身穿的衣服，非常轻便、舒适；其次，借助模块化设计的技术，能够满足用户私人定制的个性化需求；最后，借助仿生的智能算法，能够避免传统外骨骼僵化行走的模式，能够根据个体的身体特征，为其提供最优化的助力行走策略。

智能外骨骼最典型的产品是俄罗斯 ExoAtlet 生产的产品。ExoAtlet 一共研发了两款智能外骨骼产品，分别是 ExoAtlet I 和 ExoAtlet Pro，这两款智能外骨骼产品有着不同的适用场景。

ExoAtlet I 主要适用家庭场景。对于下半身瘫痪的身障人士来说，ExoAtlet I 简直是"神器"。借助 ExoAtlet I，下半身瘫痪的身障人士能够独立行走，甚至能够独立攀爬楼梯，这样，身障人士不用坐在轮椅上，不用整天由人照顾，也不会因长期卧床而感到悲伤，他们会因能够重新行走而获得快乐和自由，这就是 AI 带来的神奇效果。

ExoAtlet Pro 主要适用医院场景。相较于 ExoAtlet I，ExoAtlet Pro 有着更多元的功能，如测量脉搏、进行电刺激、设定标准的行走模式等，这样的设置会让身障人士获得更多的锻炼，会使他们的康复训练更加科学，使他们能够更快地恢复健康、恢复自信。

智能外骨骼产品拥有强大的性能，不仅能够大幅提升身障人士的生活质量，提高他们行走的效率，还会成为行动不便的老年人最得力的助手。另外，对于普通人来说，智能外骨骼也可以发挥作用。例如，帮助人们攀登险峰、帮助人们在崎岖的山路快速行走。总而言之，智能外骨骼可以让所有人受益，提升人们的生活体验。

第九章

智能文娱：让文娱充满无限可能

当前，AI 技术的发展推动了数字内容领域的变革，文娱行业成为 AI 技术重要的试验场。AI 与文娱的结合，推动了智能文娱的发展。智能文娱作为新型娱乐方式，将会解锁全新的文娱场景，给用户带来全新的文娱体验。

第一节　挖掘智能文娱的魅力

与传统文娱相比，智能文娱更具有其独特的魅力。智能文娱能够变革文娱的运营模式，改变娱乐信息的传播方式，吸引更多用户，推动文娱行业的快速发展。

一、AI 驱动文娱领域变革

当前，AI 在文娱领域得到了应用，并推动了文娱领域的变革。许多企业开始将 AI 技术应用于活动中，打造与众不同的文娱活动场景。

例如，第 6 届淘宝造物节便使用了 AI 技术，此次造物节以"沉浸式"和"个性化"为核心，在会场中，游客仿佛置身于时空交汇的中心，能够获得丰富多样、新奇的体验。富有二次元特色的戏院、古代科学家的实验室、小说中的天机阁、《山海经》中的珍奇异兽等众多各具特色的场景分布在会场的 4 个大区中。

　　无论是二次元爱好者、钟情古风的手工爱好者，还是喜爱美食的游客，都可以在造物节中体验沉浸式游览的快乐，特别是在占地 3 万平方米的超大寻宝密室中，主办方在其中采用了 AR、AI 和 3D 全息投影等多种技术，辅以烘托气氛的灯光、音效，成功为游客营造出古代密室的氛围。而在珍奇异兽馆中，除了蛇、守宫等少见的小众宠物外，主办方还采用 3D 全息投影、AI 等技术展示了《山海经》中的众多上古神兽。丰富的沉浸式体验场景吸引了不少游客慕名而来。

　　随着 AI 技术的发展，文娱领域进入了发展的"黄金时代"。那么，AI 技术能够为文娱领域带来什么样的变革？

　　首先，AI 技术能够优化文娱产品相关服务。Netflix 是一个会员制流媒体播放平台，在世界范围内广受用户欢迎。起初，Netflix 将大数据技术与娱乐产业结合起来，通过大数据技术抓取、分析用户的娱乐喜好，从而实现精准推送。同时，Netflix 还通过大数据深入挖掘市场需求，不断推出符合市场喜好的文娱产品，引爆自身品牌的口碑。

　　在如今这个深度学习算法成为主流的 AI 时代，Netflix 也积极顺应时代潮流，推出基于 AI 技术的动态优化新算法，从而能够实时分析娱乐视频内容，动态调整数据的传输速度，为用户提供更加流畅、稳定的观看体验。

　　同时，Netflix 利用最先进的 AI 算法对官网以及用户推荐板块进行了优化，进一步了解用户的观看倾向，为用户提供更加精准的娱乐项目推荐。此外，Netflix 还通过与亚马逊进行合作，利用亚马逊云端服务器缩短了 AI 的学习时间，提高了视频质量和用户的观看体验。

　　其次，AI 技术能够带来全新的娱乐产品与娱乐方式。AI 技术与 VR 技术的结合使得 VR 技术在娱乐场景的应用越来越广泛。AI 技术能够使

VR 技术的交互性进一步提高,带来全新的交互体验。在此基础上,VR 直播、VR 游戏等新应用使人们的娱乐体验越来越丰富。

文娱产业已经迎来了发展的"黄金时代"。未来,随着智能文娱产业链条的逐渐完善,以及相关技术的进一步成熟,智能文娱的发展将呈现更加多元化、精品化、大众化的特点,智能文娱将成为文娱领域发展的重要趋势。

二、变革文娱运营模式,实现精细化运营

AI 从多方面渗透文娱行业,变革了文娱运营模式,催生了智能文娱新经济。智能文娱新经济提倡精细化运营,能够更有针对性地展开运营活动,提高运营效果。

相较于传统的运营模式,智能文娱新经济的特点表现为更加个性化、小众化,产品更加贴近受众。企业会通过搭建用户画像,对用户进行细分,有针对性地根据用户需求生产产品,使产品更受欢迎,提升用户的黏性,并通过这种精细化运营,获得丰厚利润。

AI 是如何打造智能文娱新经济,帮助企业实现精细化运营的?方法如图 9-1 所示。

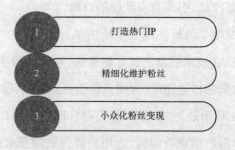

图 9-1　AI 帮助企业实现精细化运营的方法

1. 打造热门 IP

当一个优质的 IP 被挖掘或生产出来后,企业该如何炒热这个 IP,使之尽可能多地被受众群体了解并接受?借助 AI 就能做到这一点。AI 可以根

据 IP 的特点，将其与相应的用户进行匹配，在较短时间内引起用户的关注。

例如，今日头条、西瓜视频、抖音就利用 AI 进行有针对性的内容分发，帮助 IP 快速吸引更多的粉丝。企业可以在这些平台发布视频供粉丝欣赏，并提出话题，引发讨论，制造传播爆点。

2. 精细化维护粉丝

通过优质的 IP 成功吸引粉丝以后，企业还可以用 AI 了解粉丝，并打通线上与线下，对粉丝进行个性化维护。当今的"90 后""00 后"与"70 后""80 后"相比，在文娱观念上发生了翻天覆地的变化。后者在消费时往往会更加关注性价比，而前者往往不会太过关注性价比，而是更关注自己的需求。对于这些年轻的消费群体来说，自己感兴趣的事和物，就是有价值的。

此外，年轻人的群体性比较强，有自己的圈层文化，一经带动，就会积极地为自己的兴趣消费，因此，企业可以针对年轻人的心理状态和思想观念，建立粉丝群，在粉丝群中不断地掀起讨论热潮，并开发衍生品，使其在生活中全方位接触产品，与 IP 建立牢固的情感联系。

3. 小众化粉丝变现

正所谓"众口难调"，IP 要想迎合所有人的喜好几乎是不可能的。大众化的产品往往难以引起人们的情感共鸣；而小众化的产品由于更能贴合人们的想法和观点，可以激起人们强烈的认同感，再加上高频联系与精准触达，必然会激发强大的消费潜力。

此外，智能文娱新经济有一个特征，那就是消费场景多样化。例如，观众在观看视频时，会发现一些广告随着人物的语言在屏幕上弹出来，与故事情节相互衬托，诙谐幽默，令人捧腹。在视频达到高潮，观众的情绪被充分调动起来后，更多的广告会涌现出来，引导观众消费。这些都是 AI 在对场景进行有效识别后进行的有针对性的广告分发。

AI 在文娱行业落地，并赋能商业，打造智能文娱新经济。如今，这样的趋势已经初露端倪，未来也将逐渐成为主流的文娱发展模式，从而变革经济结构，为社会的发展注入新的活力。

三、智能媒体改变娱乐信息传播方式

智能媒体是 AI 与传媒相结合，对媒体进行智能化改造的产物。智能媒体的出现改变了娱乐信息传播的方式，能够带给用户更加优质的体验。

技术的发展是智能媒体发展的基础。AI、VR 等技术在传媒领域的应用大大拓展了以人为主导的传统媒体的发展空间，使智能媒体在新媒体与传统媒体的竞争中逐渐显露头角。用户越来越多样化的消费需求为智能媒体的出现提供了助力。新时代的用户需求更具个性化，用户行为的不断变化推动媒体朝着更加智能化的方向变革。

作为 AI 技术在媒体领域的应用，智能媒体有多种应用场景。

首先，智能媒体能够做到智能化的内容生产。例如，AI 机器人不仅能够进行新闻报道，还能够在极端环境下进行长期作业，非常适合用于拍摄纪录片。此外，AI 技术在实时视频、实时音频、视频内容检索与推荐、实时交互等方面都可以实现商业化落地，推动文娱行业出现更加优质的作品。

其次，智能媒体能够进行智能化的内容分发。例如，AI 技术能够根据用户行为大数据对用户的消费倾向、行为偏好等进行分类，根据不同用户的个性化特征对其进行内容推荐，使用户能够接收到更加符合自己偏好的内容，优化用户体验。

最后，智能媒体还能够实现智能化的内容管理。传统媒体很难对视频、音频这种非结构化的数据进行很好的分类与整理。将 AI 技术引入媒体，能够高效构建媒体信息数据库，优化内容管理系统。

当前，越来越多的企业开始应用各具特色的智能媒体，并通过智能媒体为用户提供多样化、个性化的服务。未来，在 AI 等新技术的支持与引导下，智能媒体将有无限发展可能。

第二节　智能文娱背后的两大支撑力

智能文娱背后拥有两大支撑力，分别是极致的视听体验与现代化的交互式创意空间，这二者为智能文娱的发展作出了极大贡献。

一、极致的视听体验

沉浸式视听体验是智能文娱的两大支撑力之一，与传统的体验方式大不相同。沉浸式体验能够通过多感官包围、代入式的场景，为用户打造一个逼真的虚拟空间，使用户能够完全沉浸在当前的环境中，拥有极致的视听体验。

沉浸式视听体验在文娱行业的许多细分行业都有实际应用。例如，旅游行业中的沉浸式体验就是通过全景式的视、听、嗅、触觉交互，为游客带来身临其境的体验。随着新时代各种技术的应用，旅游行业的沉浸式场景也逐渐普遍。

当前，许多展览馆使用三维数字化扫描技术，并结合 AI、AR、全息投影等技术为游客展示展览品，使游客能够全方位、多角度观赏展览品。此外，还有一些展览馆运用动作捕捉技术活化数字化展品，如展现一些古代场景、原始生物等。充满科技感的展览方式能够极大地引起游客兴趣，为游客带来更好的观赏体验。

不仅展览馆开始推出体验式展览，许多主题公园也对游客开放了沉浸式体验项目。例如，迪士尼乐园打造了一个将虚拟与现实完美结合的"西部世界"。事实上，这个"西部世界"是一家特色酒店，其外形是一艘巨大的太空飞船。当游客进入这家酒店后，就如同进入真正的太空飞船一般，不仅可以从窗户直接观赏太空美景，还能够享受太空中"不明生物"与机器人提供的服务。

而演出、电影、游戏等领域对沉浸式视听体验的运用更是屡见不鲜。例如，当下十分流行的沉浸式话剧，3D、4D、5D 电影，以及 VR 实景游戏等，都是沉浸式视听体验在演出活动、电影与游戏场景中的应用。

综上所述，沉浸式视听体验为当前的文娱行业带来了全新的变革。未来，文娱行业将会继续深入探索沉浸式视听体验，为人们带来更多优质的文娱产品与服务。

二、现代化的交互式创意空间

交互式创意空间与传统空间具有很大区别，是一种利用新技术打造的个性化的创意空间。交互式创意空间能够与用户进行交互，其空间内的各个元素都能够感应用户，并随着用户动作的改变而改变。

交互式创意空间的所有元素都能够成为用户的"操作界面"。身处这一空间内，用户不需要实际触碰实体物品，就可以和物品进行交互。

目前，交互式创意空间这一项技术大多被应用于新媒体以及主题公园等领域。Moment Factory 是一家知名的多媒体娱乐工作室，专业从事建筑、灯光、动画、视频、特效与音效制作，十分擅长打造交互式创意空间，能够运用技术将普通的空间变为充满刺激的交互式感官世界，为参观者带来前所未有的参观体验。

Moment Factory 曾以"料理饮食文化"为主题，打造了一个"神秘餐厅"。事实上，这个"神秘餐厅"并不是一家能够用餐的真正的餐厅，而是一个数字化的交互式体验艺术展。

当参观者走进这个"神秘餐厅"时，周围的透明屏幕上将会呈现不断变化的四季美景。参观者只要轻轻触碰屏幕，屏幕中的景色便会发生变化。参观者还能够在参观过程中看到一团蓝色火焰，只需向火焰伸手，火焰便会随着参观者的手势晃动。整个参观过程还有许多环节，充满了会随着参观者的动作变化而变化的各种互动元素。

"神秘餐厅"是一个十分典型的交互式创意空间，结合体感互动、沉浸式投影、触摸式互动墙等技术，将交互式理念与特效设计以及饮食文化巧妙融合，向参观者展现了充满特色的美食文化。

交互式创意空间是打造智能文娱的重要技术支撑之一。未来，随着各种交互技术的发展，会有越来越多的交互式创意空间被引入人们的日常文娱生活，为人们带来充满科技感与体验感的娱乐活动的同时，也能够使文娱行业朝着更加数字化、智能化的方向发展。

第三节 AI 赋能解锁文娱新场景

AI 与文娱的结合能够解锁文娱新场景。例如，AI 与综艺相结合，实现综艺节目的运营与制作；AI 与游戏相结合能够催生游戏新玩法。

一、AI＋综艺：助力综艺节目的制作与运营

AI 能够与综艺相结合，助力综艺节目的制作与运营。《中国新说唱》的总制片人曾表示，节目制作和运营的多个环节运用了多项人工智能技术，包括人工智能选择制作人、人工智能剪辑等。

以选择制作人为例。利用智能选择系统，爱奇艺将多名女艺人在知名度、专业度、音乐类型、粉丝画像等多个维度进行匹配，最终人工智能选出匹配度高达 90％的邓紫棋。

在节目制作上，《中国新说唱》的录制现场有近百台摄像机共同运作，由人工智能进行自动化的音视频对位工作，这样一来，剪辑师剪辑前的准备工

作减少很多,极大地提高了工作效率。

在用户观看上,《中国新说唱》推出"只看他"功能,通过人脸识别技术筛选某位明星的视频片段,给观众提供只观看该明星的选择,大幅提升观众的观看体验。

《中国新说唱》并不是首个具有人工智能元素的综艺节目,在一些综艺节目中,人工智能的角色更像一位和人类共同比拼的嘉宾,比如《蒙面唱将猜猜猜》中的华帝人工智能机器人"小V"、《最强大脑》中的"小度"等。无论是参与节目制作,还是作为特殊嘉宾,人工智能正在改变综艺节目的形态,正如阿里云人工智能首席科学家所说的:"人工智能对综艺节目而言,或许可以引领一个新变革。"

从应用人工智能的综艺节目中,我们可以发现"AI+综艺"的四大发展趋势,如图9-2所示。

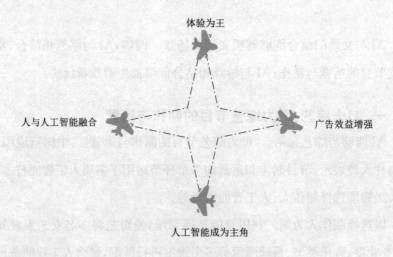

图 9-2 "AI+综艺"的发展趋势

1. 体验为王

在传统的综艺节目中,优秀的内容能够获得观众的喜爱,这种形式叫作

"内容为王"。随着人工智能技术和 VR 技术的迅速发展,能够使观众具有身临其境感的综艺才是主流。观众更加关注在节目中"获得了什么体验",而不是"看到了什么"。

2. 广告效益增强

一直以来,综艺节目是效果较为显著的广告宣传平台。人工智能与综艺节目融合后,节目制作成本降低,广告效益增强。相关企业为综艺节目赞助可以更加垂直化,甚至可以为自身品牌量身定制一档综艺节目,从而提升广告效应。

例如,湖南卫视的现象级综艺《我是大侦探》的赞助商云米智能家居帮助节目组布置节目场景,其中各种智能家居的优秀性能被嘉宾有意无意地展现出来,使云米智能家居的产品得到广泛传播,吸引更多受众。

3. 人工智能成为主角

目前综艺节目的人工智能元素主要体现在嘉宾或技术层面,以人工智能为绝对主角的综艺节目还没有出现,但不可否认的是,人工智能成为节目的绝对主角是综艺的一大发展方向。

随着人工智能技术的发展,人工智能明星一定会出现,当其出现后,无论是技术的新奇,还是其本身具有的巨大的魅力,势必吸引一大批粉丝。未来,出现一档以人工智能明星为主角的综艺不足为奇。

4. 人与人工智能融合

随着人工智能技术的发展,越来越多的人意识到,不应单纯地将人工智能看作"打杂"的工具,而应将人类的智慧和人工智能的智慧结合在一起。人与人工智能的融合在制作综艺节目上显得极为重要。

一方面,人工智能虽然能批量化制作爆款综艺,但对于现实意义上比较复杂的知识的学习还需要进一步深化,而人类能够帮助人工智能制作更符合社会主流价值观的综艺；另一方面，人工智能可以搭建一个新型的综艺平台，实现综艺节目自动化制作、运营，省去烦琐的人工制作环节。

人工智能与综艺的融合是大势所趋，能够给综艺带来新的变革。至于人工智能最终会向人们呈现什么样的综艺节目，我们拭目以待。

二、AI＋游戏：催生游戏新玩法

AI 与游戏相结合能够催生全新的游戏玩法，既能提高用户的游戏体验，又能保证用户的网络安全。

例如，Krafton 工作室曾经推出一个名为《绝地求生》的网络游戏，该游戏在腾讯接手之前，"外挂"作弊现象十分严重，而且每到晚上游戏就卡顿，影响用户体验。

在宣布获得《绝地求生》中国的独家代理运营权后，腾讯云正式发布了 Supermind（超级大脑）智能网络产品，用 AI 技术保障用户的游戏体验和网络安全。腾讯云高级产品经理表示："腾讯游戏已经完全构筑在腾讯云上。吃鸡游戏加盟腾讯游戏，恰逢腾讯云第三代网络升级，这对于吃鸡群众而言是个大好事。"

游戏经常出现卡顿一般意味着网络链路出现故障。在传统网络中，一旦网络出现故障，就需要网络工程师一一探查网络的各个环节，寻找故障点，这意味着工程师需要从几百条甚至更多的线路警告中一一排查，寻找相关信息，再逐个对具体某个机房、某个主机进行详细的检查，这样一套流程往往会花费大量时间。

而腾讯云推出的 Supermind 智能网络在 AI 技术的加持下，拥有高性能和智能化两大特点，能够充分解决之前游戏中存在的各种问题，如图 9-3 所示。

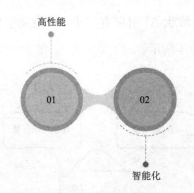

图 9-3　Supermind 智能网络的特点

1. 高性能

腾讯云服务器在物理网卡上实现优化升级，并利用智能网卡 SDN（software defined network，软件定义网络）模块的网络动作层和策略层分离，将腾讯云主机的网络带宽吞吐提升超过 3 倍。

2. 智能化

利用 AI 技术，腾讯云 Supermind 智能网络可以在数以万计的线路中找到最合理的线路进行智能规划。在 AI 定位的帮助下，线路规划时间缩短到 5 分钟以内，游戏凭据的处理时间降低 75%。

除此之外，AI 技术还为腾讯云提供 AI 模式拆解、综合性信息防护等功能，实现从网络设计到运营管理再到安全监控整个环节的智能闭环管理。

除了在云平台上保障游戏的顺畅运行外，AI 技术也被应用于游戏制作之中，如 EA、SONY 等游戏大厂已经在 AI 游戏引擎、神经网络开发、AI 操作系统等多方面展开了研究，致力于挖掘"AI＋游戏"的潜力。

以游戏 AI 引擎为例，游戏 AI 引擎可以帮助开发者简化游戏制作流程，降低制作难度，这能够缩短游戏开发的时间。开发者可以将大量时间用在创作新型玩法上，带给用户更多新奇的体验。

　　应用比较广泛的游戏 AI 引擎有三类：AI 渲染引擎、NPC 制作引擎和游戏创作引擎，如图 9-4 所示。

图 9-4　三大游戏 AI 引擎

1. AI 渲染引擎

　　AI 渲染引擎可以多倍提升画面渲染能力，真正做到"一秒渲染"。某企业曾推出一款 GPU 渲染工具 NVIDIA OptiX 5.0，其可以运用机器学习技术为画面补充缺失像素、实现智能去噪和光线追踪，该 AI 引擎不仅大大缩减了渲染时间，还大幅提升了可视化效果。

2. NPC 制作引擎

　　游戏中灵活自然的 NPC 角色能够为用户带来更加逼真的游戏体验。基于 AI 的 NPC 制作引擎不仅可以帮助开发者创造反应更加真实的 NPC，甚至还能直接创造 NPC 角色，AI 技术公司 Rival Theory 创建的 RAIN AI 引擎就是如此。由 RAIN AI 引擎创建的 NPC 角色具有极高的实时反应能力，在语言、动作等方面的表现都十分优秀。

3. 游戏创作引擎

　　除了创建 NPC 外，AI 引擎也能直接创建游戏。印度一家初创企业 Absentia VR 推出了一套简化游戏制作的引擎——Norah AI，能智能生成简单的游戏，大大简化游戏的制作流程。

　　总之，无论是在网络构架方面，还是游戏制作方面，AI都能为游戏带来新的变革，这一方面能够带给用户更好的游戏体验，另一方面也为整个游戏产业带来开发新思路。"AI＋游戏"的不断融合将会推动整个游戏产业的蓬勃发展。

第十章

智能农业：打造高效的可持续发展模式

　　人口的增多使得粮食的需求量逐渐增大，传统农业方式难以满足当前的需求。在这一背景下，AI与农业相结合推动了智能农业的发展，形成了一种高效的可持续发展模式。智能农业可以实现农业生产各环节的智能化管理、自动化作业等，实现高效、可持续、智能化的农业生产。

第一节　三大方向，AI 赋能农业

　　AI赋能农业主要从以下三个方向进行：一是对农作物进行监控，实现精细化管理；二是进行高效、智能的育种；三是进行病虫害识别，实现病虫害智能监控预警。

一、农作物监控：实现精细化管理

　　AI技术应用于农业领域，推动了智能农业的发展，让农业生产更加智慧。实现农作物监控，优化农业生产就是AI赋能农业的重要表现之一。AI通过农业传感器网络，可以实时收集农田环境数据，为精细化农业管理提供数据支持。农作物监控过程中采用的智能设备与智能系统如图10-1所示。

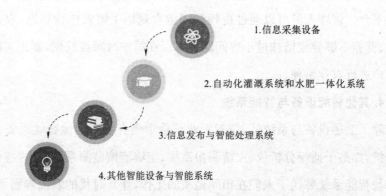

1.信息采集设备

2.自动化灌溉系统和水肥一体化系统

3.信息发布与智能处理系统

4.其他智能设备与智能系统

图 10-1　农作物监控采用的智能设备与智能系统

1. 信息采集设备

信息采集设备主要指的是各种农业传感器,包括土壤温湿度传感器、光照传感器、雨量传感器等,这些被放置在田间地头的传感器可以检测农作物的生长环境,将实时数据反馈到管理人员的计算机或手机端,从而提供农作物生长阶段的精准、有效的数据,实现科学种植。

2. 自动化灌溉系统和水肥一体化系统

根据水利部发布的 2022 年度《中国水资源公报》,2022 年全国用水总量为 5 998.2 亿立方米,其中农业用水为 3 781.3 亿立方米,占用水总量的 63%,然而在这种情况下,农作物却"喝不饱"。如何实现水资源的高效利用已经成为制约农业可持续发展的重大问题,而自动化灌溉系统和水肥一体化系统可以完美解决这个问题。

自动化灌溉系统是将水源过滤后精准运输至农作物根部的系统;水肥一体化系统是将水和肥料一起精准运输至农作物根部的系统。这两个系统都是通过滴灌的方式对农作物进行灌溉,精准为农作物提供水分和养分,避免浪费过多的水肥资源。

3. 信息发布与智能处理系统

信息发布与智能处理系统包括视频监控系统、信息展示系统以及应用软件平台。管理人员可以通过视频和图像直观地了解农作物状态,农作物缺水、营养不够导致植株过小等问题都可以在第一时间被发现,真正实现足不出户进行农业耕种。

4.其他智能设备与智能系统

除了上述设备与系统外,智能农业场景中还有很多其他智能设备与智能系统,如孢子捕捉分析仪、虫情测报系统、土壤墒情监测系统等,这些智能设备与智能系统替代了人们在田间地头的工作,让新时代的农民告别了"面朝黄土背朝天"的耕种模式,使耕种模式向科技耕种、智能耕种模式发展。

二、智能育种:AI 实现精准、高效育种

在育种方面,AI 与农业相结合催生了智能育种方法。AI 技术中的深度学习技术可以对育种的数据进行整合与利用,使作物育种更加精准、高效。

在作物育种领域,深度学习技术可以帮助作物育种专家研发和培育更加高产的种子,以更好地满足人们对粮食的巨大需求。

从很早之前,一大批作物育种专家就开始寻找特定的性状,这些特定的性状不仅可以帮助作物更高效地利用水和养分,还可以帮助作物更好地适应气候变化,抵御病虫害。

要想让一株作物遗传一项特定的性状,作物育种专家就必须找到正确的基因序列,不过,这件事情做起来并不容易。之所以这样说,主要是因为作物育种专家也很难确定哪一段基因序列才是正确的。

在研发和培育新品种时,作物育种专家面临数以百万计的选择,然而,自从深度学习这一技术出现后,海量的相关信息,如作物对某种特定性状的遗传性、作物在不同气候条件下的具体表现等,就可以被提取出来。不仅如此,深度学习技术还可以用这些信息建立一个概率模型。

拥有了这些海量信息，深度学习技术就可以对哪些基因最有可能参与作物的某种特定性状进行精准预测。面对数以百万计的基因序列，前沿的深度学习技术能够极大地缩小选择范围。

实际上，深度学习技术是 AI 技术的一个重要分支，其作用就是从原始数据的不同集合中推导出最终的结论。有了深度学习技术的帮助，作物育种变得比之前更加精准、更加高效。另外，值得注意的是，深度学习技术还可以对更大范围内的变量进行评估，为作物育种专家的决策提供依据。

为了判断一个新的作物品种在不同条件下究竟会如何表现，作物育种专家可以通过计算机模拟来完成早期测试。短期内，这样的数字测试虽然不会取代实地研究，但可以提升作物育种家预测作物表现的准确性。

在技术的支持下，当一个新的农作物品种被种到土壤中之前，深度学习技术已经帮助作物育种专家完成了非常全面的测试，而这样的测试能够使作物实现更好的生长。

三、病虫害识别：实现病虫害智能监控预警

农作物在生长过程中可能会遇到多种侵害，其中病虫害是常见的一种农作物致命伤。AI 进入农业领域，可以对病虫害进行精准识别，实现病虫害智能监控预警。

一般来说，传统的病虫害识别是由农民通过视觉检查来完成的，这种方式存在两个比较明显的弊端——效率低、误差大。然而，对于一台融合了机器学习技术的计算机而言，识别病虫害实际上就是一种模式识别，能够实现病虫害的精准、高效识别。

将机器学习技术融入病虫害识别中，不仅可以使农业生产过程得到改进，还可以使人们的粮食需求得到充分满足。与此同时，自然资源也可以得到高效利用。在对数以万计的病虫害农作物照片进行分门别类以后，计算

机可以确定病虫害的严重程度、持续时间,甚至给出可行的解决方案,这大大降低了病虫害带来的损失。

将机器学习技术引入农业,不仅有利于提升病虫害识别的精准性,还有利于减少因识别失误而导致的能源和资源的浪费。另外,农民也可以将卫星、巡游器、无人机等设备拍下的农业生产现场影像资料,以及手机拍摄的作物图像资料上传,然后再借助病虫害智能识别设备对其进行识别并制订相应的管理计划。

病虫害方面的问题由来已久,而 AI 中的机器学习技术为解决这一问题提供了技术支持,虽然现在病虫害智能识别的准确率还没有达到 100%,但是朝着这个方向去努力总归是没有错的。未来,随着技术的发展,AI 不仅可以实现病虫害的识别,还能够对大量的农作物信息进行综合分析,预测病虫害的发生和病虫害的发展趋势等,指导农民及时采取控制措施。

第二节　智能农业三大发展趋势

智能农业主要有三大发展趋势,分别是 AI 将融入农业产业的各个环节;农业的组织形式实现创新,赋能智能农业;农业经营体制逐渐完善。这三大发展趋势将推动农业朝着智能化、高效化发展。

一、AI 融入农业产业各环节

AI 作为推动智能农业发展的重要力量,将在未来逐步融入农业产业的各个环节。具体而言,在农业产业链中,AI 可以应用于 3 个环节,如图 10-2 所示。

图 10-2 AI 融入农业产业链各环节

1. 上游：控制农产品原料质量

对农业企业来说，农产品原料的质量是根本，因此从产品的源头做起，控制农产品的原料质量是非常重要的。

在这方面，充分发挥 AI 的作用，打造智能农田十分重要。AI 技术能够提高生产效率，提高作物产量。基于 AI 的各种智能农业系统可以实现农业的精细化管理，保证农作物的质量。

2. 中游：提高精深加工能力

这一环节是对农产品加工企业而言的。只有把农产品加工成更加精细的产品，例如，把小麦加工成面包，企业才会有更多的利润上升空间及更强的市场竞争力。

AI 还可以用于对农产品的监测与溯源。AI 可以通过图像识别与机器学习技术，对农产品进行质量评估和分级；借助区块链技术，搭建农产品溯源系统，帮助企业生产更值得用户信赖的产品。

3. 下游：进行品牌建设

对于农产品行业来说，形成品牌效应的企业获得的利润更高，因此，对品牌和销售渠道进行建设是农产品企业应重点开展的工作。在这方面，AI 技术可以对企业以往的销售数据进行分析，找出和销量相关的因素，形成智能决策，为企业进行品牌决策提供参考。

在农业现代化的进程中，AI 能够在多方面助力农业发展，包括提高农产品原料质量、帮助企业提高加工效率、通过数据分析为企业提供意见等。总之，AI能够在农业产业链的各个环节为智能农业的发展提供新的动力。

二、组织形式创新，赋能智能农业

随着AI与农业领域的进一步融合，智能农业的发展将会对组织形式进行变革，最终形成"企业＋农业园区＋市场"的组织形式，如图10-3所示。同时，组织形式的创新将会反哺智能农业的发展。

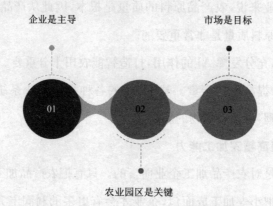

图10-3 "企业＋农业园区＋市场"的组织形式

1. 企业是主导

企业确立生产目标、生产标准、产品理念后，就可以作为主导对农业园区进行规划设计，AI在其中起到辅助决策和提出设计建议的作用。

2. 农业园区是关键

农业园区是生产的示范点，所以应充分体现智能农业的特点。利用AI技术，农业园区可以实现无人监管，并对农作物进行智能除草、灌溉，降低人工成本。此外，农业园区中的AI设备可以指引游客参观和采摘，产生经济效益。

3. 市场是目标

无论是怎样的生产组织形式，最终都要落脚于赢得市场这一终极目标上。为了赢得市场的先机，AI 的智能分析和决策能力必须得到重视。企业可以借助 AI 应用搜集、分析海量的市场数据，全面掌握市场动态，根据 AI 应用的预测结果作出科学的市场营销决策。

在传统农业的"企业＋农户"形式中，企业和农户在诸多方面存在利益冲突，这一形式无法顺应智能农业的发展潮流，而"企业＋农业园区＋市场"三位一体的组织形式极大地降低了企业和农户的利益纷争。农户在农业园区作为种植者而非经营者的角色存在，减少了与企业的利益冲突。

"企业＋农业园区＋市场"的组织形式充分结合了 AI 技术，能够降低人工成本和农业灾害发生的概率，逐渐成为智能农业的主流组织形式。

三、农业经营体制逐渐完善

随着智能农业的发展，农业经营体制逐渐完善，形成了"品牌＋标准＋规模"三维融合的经营体制，如图 10-4 所示。

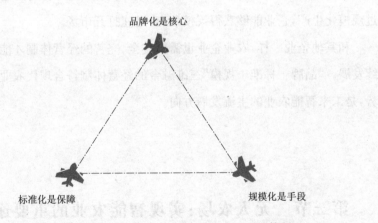

图 10-4　"品牌＋标准＋规模"三维融合的经营体制

1. 品牌化是核心

要想使终端产品实现品牌溢价，就要形成品牌是核心的经营理念。如果终端产品无法实现品牌溢价，那么整个农业产业链的价值就无法有效提升,各个环节中的风险就无法避免,因此,有效利用 AI 强大的数据分析能力,准确定位农业企业的品牌,形成品牌效应非常重要。只有在品牌的保障下,产品才会有品牌溢价,这对于本身利润并不高的农产品来说十分重要,所以现代农业企业必须重视农业品牌的建设。

2. 标准化是保障

要想成功建立品牌,必定离不开标准化的运作。农业企业需要通过 AI 实现对企业自上而下的监督,保证企业各部门贯彻落实制定的标准。只有建立严格统一的标准并进行贯彻执行,才能将品牌理念落到实处,形成真正有影响力的品牌,获得品牌溢价。

3. 规模化是手段

当企业已经有成熟的品牌和经营标准后,扩大规模是获得更多市场份额的必经之路。AI 机器人的精准度和效率高于人工作业,有利于农业企业扩大生产规模。企业可以引入 AI 机器人取代人工,实现规模化生产。通过规模化生产,企业能够获得规模效应,迅速打开市场。

和其他企业一样,农业企业也需要健全、完善的经营体制才能获得可持续发展。"品牌＋标准＋规模"三维融合的经营体制符合现代农业的发展趋势,是未来智能农业的主流发展方向。

第三节　无人农场：实现智能农业的重要途径

AI 技术的应用、农业的持续发展使得智能农业成为农业发展的未来方向,而无人农场是实现智能农业的重要途径,它能够减少人工参与,实现全流程自动化管理,为农业生产带来许多便利。

一、无人农场：优势明显的智能化农业经营方式

无人农场是一种优势明显的智能化农业经营方式，它集合了大数据、AI、物联网等高新技术，在这些技术的支持下，无人农场能够提升农业生产效率、产品智能，并降低经营成本。

下面结合具体案例讲解无人农场的优势。

春分是春耕备播的关键时期，农民在这一天异常忙碌，然而在山东淄博禾丰的无人农场里，只有一台自走式喷灌车在进行灌溉作业，全然看不到农民的身影。这台自走式喷灌车集合了 5G、物联网、AI 等技术，能够对小麦进行精准灌溉，不仅能提升农田灌溉效率，还能节约资源、降低生产成本，在将农民从沉重劳动中解放出来的同时，还有利于农业的可持续发展。

此外，无人农场不仅可以实现自动化工作，还可以实现自动决策，它能够结合气候、土壤情况、温度、湿度等数据，以及农田里的各区域监控实时回传的农作物数据，自动判断浇水、施肥的时机以及肥料的配比，从而使农作物种植管理更加科学化、精细化，大幅提高了生产效率，实现了全程无人机械化作业。

综上所述，无人农场最大的优势就是通过信息化管理和科学化种植，实现自动化农事安排，这主要体现在以下几个方面：

1. 适时灌溉除草

在无人农场中，设置在田地里的摄像头和传感器等设备，可以收集农作物的生长状况以及田间的微气象数据，如温度、湿度等，对农作物进行实时分析。如果发现杂草过多影响农作物正常生长，系统就会自动提醒农民进行除草。当土壤的湿度低于农作物生长需要的湿度时，系统就会自动开启灌溉设备进行浇水；同时，系统还能够智能查询未来几天的天气状况从而调节灌溉的水量。

2. 清理病虫害

无人农场可以实现农作物病虫害的快速确诊和治理。当农作物出现异常时,高清摄像机会将农作物叶片或果实的图片上传到云端平台。平台会快速识别农作物是否患有病虫害以及患有什么病虫害,并给出防治建议,从而帮助农民实现农作物病虫害快速确诊、准确用药,避免延误病虫害灾情,造成大范围损失。在减少农药使用和制定防治措施方面,云端平台可以发挥作用。

(1)云端平台可以进行害虫类别分类及计数,自动无公害诱捕杀虫,减少农药使用;

(2)高清摄像机采集虫情图像,可以帮助农民远程查看农作物情况,制定防治措施。

在无人农场中,农民可以实现科学的农事安排,适时灌溉除草、清理病虫害等。随着 AI 技术的进步,无人农场将会迎来更大的发展,实现更深程度的自主决策、自主作业,彻底将农民从农业生产中解放出来。

二、全流程自动化,无须人工参与

无人农场的最大特点是自动化。AI 技术可以实现耕种、播种、管理和收获各环节的自动化、智能化管理,而无须人工的参与。

深圳农博创新科技有限公司(以下简称"农博创新")基于物联网技术和大数据分析技术,全力打通农业数据壁垒,并利用 AI 技术打造出无人农场。无人农场的运作过程如图 10-5 所示。

无人农场通过智能监控设备实时监控农场中温度、湿度、病虫害等多个维度的数据,通过深度学习农业专家经验后建立分析模型,并将实时分析结果和处理建议及时传输给农场负责人。根据智能监控设备的建议,农场负责人可以向农场的智能设备下达一系列有科学依据的指令,如喷洒农药、进行灌溉、自动施肥等，实现对农场环境的远程即时调控。

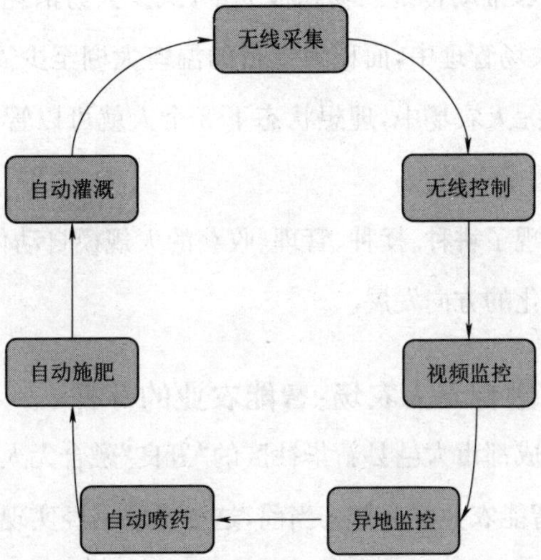

图 10-5　无人农场的运作过程

　　农博创新打造的无人农场有两大突出优势：数据传输能力强和拥有先进的智能硬件设备。

　　在数据传输方面，农博创新依据当地农场的特点，制定了多套数据传输方案，做到了因地制宜。

　　对于大型农场，农博创新设计了 LoRaWAN（long range wide area network，远距离广域网）组网传输方案，该方案适合远距离传输，功耗和成本都比较低，而且具备绕射能力。经过测试，该方案最远可实现 25 公里范围内的数据传输，不仅解决了大型农场中网络信号弱及无线网覆盖不完全的问题，还为农场负责人节约了近 90％ 的通信费用。对于中小型的农场，农博创新设计了多种混合数据传输方案，以供不同类型的农场灵活选择。

　　在硬件设备上，农博创新的智能传感器是自研自产的，各种性能都有较大的提升，而且在成本上更有竞争力。另外，农博创新的硬件设备优化了安装及操作流程,大幅降低了使用门槛,对推广普及无人农场具有促进作用。

无人农场能够推动传统农场积极变革,减少人力消耗,提高管理效率。例如,在传统的农场管理中,面积为 6 亩的温室大棚至少需要两个人看管,而在农博创新的无人农场中,理想状态下 3 个人就可以管理 100 亩的温室大棚,人力成本大幅降低。

无人农场实现了耕种、播种、管理、收获的大规模自动化,有利于推动现代农业朝着规模化的方向发展。

三、"五良"融合无人农场:智能农业的标杆

位于四川省成都市大邑县新华社区的"五良"融合无人农场是四川首个无人农场,也是智能农业的标杆。当前,这个农场已经实现了小麦和水稻生长全过程的无人化自动作业。"五良"融合无人农场把"良田、良机、良种、良法、良制"融入智能农场的打造中,改变了传统农业生产理念和作业模式,解决了未来"谁来种地"的问题。

1. 耕、种、管、收全程无人化

"五良"融合无人农场借助智能农业系统提供的数据支持,精准调控农作物生长环境,满足农作物生长需要。耕、种、管、收过程的少人化和无人化,吸引了很多技术人才从事农业生产,培养出一批新型农民。根据测算,无人农场平均每亩地可以节约超过 30％的劳动力成本,为农民增加 40％以上的收入。

2. 提升无人驾驶农机设备的智能化程度

研发团队为"五良"融合无人农场设定了三年建设期。目前,已经完成了第一期目标:初步实现小麦和水稻两种作物在主要环节的无人化自动作业,其他设备经过测试后会根据耕作季节逐渐投入使用。

无人农场示范区的机库中有平地机、旋耕机、播种机、无人植保机等农

业机械设备，但这里只需要不超过 3 名管理人员，他们用计算机或手机就能控制生产过程，只需要按照设备上的提示偶尔到田间巡察、进行设备维护和能源补给。

3. 大邑数字农业监管平台

近年来，大邑县不断推进数字农业发展，全县 100 多家农场进行了数字化改造，向无人农场方向变革。

大邑县对标《数字乡村发展行动计划（2022—2025 年）》提出的 26 项重点任务中的"加快智慧农业技术创新"和"加快农业生产数字化改造"两项任务，大力发展智能农业，培育新兴业态，以推进数字乡村建设，不断提升农业农村现代化水平。

具体来说，大邑县借助数字农业监管平台，建设耕地自动监管系统，实现了 40 万亩耕地的可视化监管；还积极完善"耕种防收"全链条智慧化服务，创建了现代农业园区。

第十一章

智能生活：提供便捷生活体验

当前，AI 已经走入了用户的生活，影响用户生活的方方面面，能够为用户提供多种便捷生活服务，为城市提供强大的安防等。在 AI 的帮助下，用户的生活将会变得更加便捷。

第一节　多种便捷服务：AI 让生活更多彩

AI 进入用户的生活，能够提供多种便捷服务。在居住方面，AI 提供了智能家居，使用户实现对居住环境的整体控制；提供了智能监控，为用户提供强大的安全保障；提供了智能音箱，为用户提供陪伴体验。

一、智能家居：实现对居住环境的整体控制

AI 对于用户生活的影响主要体现在智能家居方面。智能家居融合了大数据、AI 等技术，实现了对居住环境的整体控制，能够为用户带来良好的体验。智能家居的应用范围广泛，除了家庭外，还能应用于智能酒店的智能化客房。智能化客房指的是客房中的各种智能装置、家电与传感器联网，并通过辨识技术为用户提供更便捷的服务。智能酒店的智能化服务主要体现

在两个方面：

　　个性化服务方面，用户在预订酒店时，可以在个人资料中设置房间的温度、亮度等，系统会在用户抵达之前对空调、灯具等各种智能家居进行调节；在情境体验方面，入住客房后，用户可以用智能音箱控制各种智能家居，如调节灯光、设定闹钟、调节水温或加满水等，许多场景都与家庭场景十分相似。

　　旺旺集团旗下神旺酒店曾经与阿里巴巴 AI 实验室合作，共同打造了 AI 酒店。阿里巴巴从智能音箱天猫精灵入手，为神旺酒店提供以下服务。

　　(1)语音控制。用户可通过语音打开房间的窗帘、灯、电视等。

　　(2)客房服务。传统的总机电话服务功能将不复存在，用户可用语音查询酒店信息、周边旅游信息或者自助点餐等。

　　(3)聊天陪伴。用户可以与天猫精灵有更多互动，天猫精灵可陪伴用户聊天、给用户讲笑话等，未来天猫精灵还可能增加生活服务串接、产品采购等服务。天猫精灵的智能语音助理可以把用户的家庭生活体验与出行住房体验结合起来，为用户提供更加贴心的服务。

　　在技术的推动下，智能家居将向更广的范围延伸。未来，在酒店、汽车等与家庭相似的场景中，都会存在智能家居的身影。AI 时代，智能家居的发展具有无限可能，可以从多方面优化用户的生活环境，为用户提供更好的生活体验。

二、智能监控：强大的安全保障

　　各种安全风险使用户对于隐私安全问题的关注度也不断提升，在这种背景下，智能监控逐渐受到欢迎。基于自身的强大功能，智能监控能够为用户提供安全保障，使用户的生活更加安全。

　　智能监控系统不仅能够实现对家居产品的智能控制，还能够进行全天候无死角的安防监控，从而有效保障用户的生命以及财产安全。一般来说，一套完善的智能监控系统有四项必备的功能，如图 11-1 所示。

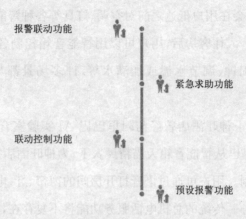

报警联动功能

紧急求助功能

联动控制功能

预设报警功能

图 11-1　智能监控系统四项必备的功能

1. 报警联动功能

报警联动功能非常智能、实用。居民安装门磁、窗磁后，能够有效防止不法分子的入侵，因为房间内的报警控制器与门磁、窗磁实现了智能连接，如果有异常的、不安全的状况，报警控制器就会智能启动警号，提醒居民注意。

2. 紧急求助功能

紧急求助功能有利于室内人员向外逃生。特别是在晚上，如果室内出现煤气泄漏，会给居民带来严重灾难，而室内的报警控制器能够智能识别房间内的安全隐患，并智能启动紧急呼叫功能，及时地向外界发出信号，请求救助，这样就能够将伤害降到最低。

3. 联动控制功能

联动控制功能能够智能切断家用电器的电源。当居民外出时，有时会忘记关掉某些电器的电源，有可能导致不好的后果，轻则造成电器损坏，重则会漏电，甚至发生火灾，联动控制功能的设置则会有效避免这类风险。联动控制功能可以智能断掉一切具有安全隐患的电源，使人们的家居生活更加安全。

4. 预设报警功能

预设报警功能能够直接拨打紧急求助电话进行报警。当家里的老人出现意外，需要紧急求助时，智能监控系统就会立即拨打120。另外，如果有犯罪分子要入室抢劫，智能监控系统则可以通过预设报警功能直接拨打110进行报警，这可以将居民的财产损失和生命安全损失降到最低。

当前，不少企业都推出了智能监控产品。例如，星智装就是典型的智能监控系统，能够智能保护居民安全。星智装智能监控系统可以连接许多智能设备，如智能门锁、智能摄像监控等。

智能门锁可以智能识别居民的开门动作，在人脸识别系统的技术支撑下，智能门锁会自动为居民打开房门，并亮起屋内的灯，为居民的生活提供便利。

综上所述，智能监控系统能够实现全天候监控，且具有多种防控功能，能够充当家庭的智能守卫。同时，智能监控系统还可以与手机相连，即使人们不在家，只要拿起手机，就能够随时看到家里的情况，可谓是"把家放在身边"了。

三、智能音箱：多功能升级陪伴体验

AI与音箱的结合拓展了音箱的功能，智能音箱不仅能播放音乐，还能够与用户进行语音交互，起到陪伴作用。

智能音箱是智能生活的入口。随着AI的迅猛发展，各种功能各异的智能音箱如雨后春笋一般出现，进入千家万户。从目前的市场发展状况来看，智能音箱具有四个显著功能，如图11-2所示。

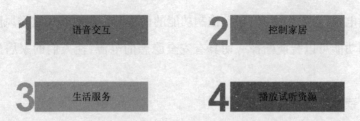

图 11-2　智能音箱的四个显著功能

1. 语音交互

语音交互是家庭化智能音箱的基础功能。用户可以借助智能音箱进行语音点歌，或者通过语言交流来进行网上购物，这样的交互手段会大幅提升交流和购物的效率。在本质上，智能音箱的语言交互和 iPhone（苹果）的 Siri 功能一致。用户既可以向智能音箱寻求知识，也可以和智能音箱开玩笑，调节枯燥的生活。

2. 控制家居

控制家居是智能音箱的硬性功能。智能音箱类似万能的语音遥控器，能够有效控制智能家居设备。上午当室内光线太强时，用户只需告诉智能音箱，让它微调一下智能窗帘，它就能够立即做到。冬天的夜晚，当室内的温度偏低时，智能音箱就会自动控制空调，使室内的温度适合人的作息。

3. 生活服务

生活服务是智能音箱的核心功能。借助智能音箱，用户可以迅速查询天气、查询新闻以及周边的各类美食与酒店服务。另外，智能音箱还提供一些实用的功能，例如，计算器功能、单位换算功能以及查询汽车限号功能等，这些功能都可以方便用户的生活。

4. 播放试听资源

播放视听资源则是智能音箱的娱乐功能。智能音箱借助互联网，能够与各类视听 App 相连，便于用户快速了解最新资讯。如果用户想要音乐，则智能音箱会智能连接网易云音乐等，智能推送现在流行的音乐，或者根据用户的需求，智能推荐曲风类似的歌曲。如果用户想要了解有趣的内容，智能音箱也会立即连接喜马拉雅等，为用户播放新鲜有趣的资讯。

企业在打造智能音箱时，只有满足用户的核心诉求以及不断变化的多样化需求，才能够使产品获得用户青睐，将企业发展成为智能生活领域的佼佼者。未来，随着 AI 的发展，智能音箱有望连接更多设备和更多场景，成为用户智能生活中重要的语音控制交互入口。

第二节　城市生活：AI 助力城市安防

AI 还能够用于城市建设，助力城市安防。"城市大脑"作为城市的智能生活平台，能够进行城市管理，推动城市数字化建设；AI 技术能够升级城市安防，打造智能防护网，为居民提供舒适、安全的生活环境。

一、"城市大脑"：城市智能生活平台

AI 能够推动城市进行数字化转型，建设数字化城市。对城市进行有效感知是建设数字化城市的首要条件，过去的感知手段通常存在三个问题，如图 11-3 所示。

信息不全面是因为感知硬件存在局限，收集的信息不全面；对收集的信息分析不全面是因为城市中的大部分摄像头不具有智能的功能，对城市中发生的事件无法进行深入的感知；不能发现事件深层次的原因是无法实现对城市全局的视频信息进行综合分析。因此，为充分利用城市中的数据，打造智能城市，"城市大脑"应运而生。

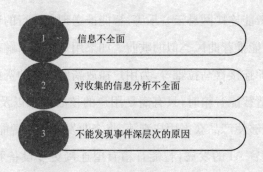

图 11-3　传统城市感知中存在的问题

杭州市政府和阿里巴巴联合打造杭州城市数据大脑，通过充分利用城市中产生的数据，获得城市管理、治理的科学方案。

通俗来说，"城市大脑"是一座城市的 AI 中枢。利用阿里云提供的 AI 技术，杭州的城市大脑可以对各个摄像头采集的城市信息进行全局、实时分析，自动分配城市公共资源，在城市运行过程提出解决方案，以实现治理城市的目的。

以疏导交通为例，杭州的各大路口都安装了摄像头，成千上万个摄像头共同记录整个城市的路况信息。在传统情况下，对路况信息的监看依靠交警，效率较低，一旦出现交通事故，交警很难迅速找到最合适的疏导路线，可能造成严重拥堵。

在"城市大脑"的帮助下，交通图像的处理可以转交给机器。通过视觉处理技术，机器识别交通图像的准确率可以达到 98％，完全可以代替低效的人工监看。当出现交通事故时，"城市大脑"能够迅速找出最优的疏导路线，并为救援车辆提供绿灯，方便救援工作及时进行。

在测试过程中，试点区域的交通堵塞时间减少了 15.3％；在交通事故的报警率上，城市大脑日均报警 500 次以上，准确率高达 92％，提高了执法的指向性。另外，依据"城市大脑"，杭州交警支队可以进行主城区的红绿灯调优，提高城市道路的通行效率。

　　值得注意的是，这份优秀的成绩是基于原始硬件设施产生的，也就是说，"城市大脑"仅是对现有数据进行分析和决策就实现了良好的管理效果。很显然，"城市大脑"进一步进行数据学习后，将会变得更加智能，在城市管理中会有更出色的表现。

二、升级城市安防，打造智能防护网

AI能够升级城市的安全防护系统，打造智能防护网，提升社会治安水平。

1. 传统警务模式的痛点

传统警务模式存在一些痛点，如图11-4所示。

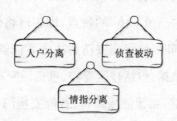

图11-4　传统警务模式的痛点

　　（1）人户分离。在人口大幅流动的当下，居民实际所在地和其户口登记地不是同一地区的现象较常见，即"人户分离"。人户分离使户口信息具有滞后性，给警务管理工作造成不利的影响，例如，在出现案情后，警方无法根据户籍信息找到涉案人员。

　　（2）情指分离。情指分离是指在传统警务工作中，情报和指挥存在分离的现象，两者往往缺乏相应的联动机制，容易出现因信息交互不畅而造成警力资源浪费等问题。

　　（3）侦查被动。目前的警务工作依旧以事后取证为主，缺乏事前预防的能力。在犯罪活动日益智能化的背景下，找到提高警务工作的事前预警能力的方法极为重要。

在大数据、AI 等技术快速发展的背景下，改革警务模式能有的放矢。《新一代人工智能发展规划》中着重强调 AI 在安防领域的应用，强调要"围绕社会综合治理、新型犯罪侦查、反恐等迫切需求，研发集成多种探测传感技术、视频图像信息分析识别技术、生物特征识别技术的智能安防与警用产品，建立智能化监测平台。加强对重点公共区域安防设备的智能化改造升级，支持有条件的社区或城市开展基于 AI 的公共安防区域示范"。

2. 解决方案

针对目前警务模式中的痛点，旷视科技推出智能安防解决方案，该智能安防解决方案结合旷视科技自主研发的人脸识别、车辆识别、行人识别和智能视频分析技术，具有"三预一体"的特点，即集网格化预防、智能化预警和大数据预测于一身。同时，该智能安防解决方案能够为安防部门提供立体化防控场景中的视频数据，包括社区管控、重点场所布控等场景。

利用各种感知终端，如智能摄像机、智能安检门和智能执法记录仪等，旷视科技的智能安防解决方案能够全面采集社会数据，形成感知网络。在感知网络的基础上，该智能安防解决方案形成"一平台、多系统"的业务模型，其中，"一平台"是指智能警务调度中心，是一体化的合成作战平台；"多系统"是指根据不同的场景，该方案能够从网格化预防、智能化预警、大数据预测三个方面弥补现有警务模式的短板，如图 11-5 所示。

（1）网格化预防。网格化预防策略体现在网格化的防控体系上。旷视科技针对社区管理的特点，建立智能视频查控系统、重点场所实名管控系统、电子信息侦控系统和人证在线核验系统"四位一体"的网格化防控体系。在为网格管理人员提供支持和实时情报上，该网格化防控体系利用动态布控和综合研判分析等技术帮助网格管理人员完成工作任务。

（2）智能化预警。在智能化预警方面，有两个主要系统：警用移动人像甄别系统和智能视频查控系统。警用移动人像甄别系统可以和多种警务终端融合，形成具有识别功能的移动警务终端，为警务人员现场确认人员身份等工作提供支持。智能视频查控系统用于一定开放空间中的人员监控，可以实现监控视频的实时分析和人员预警。

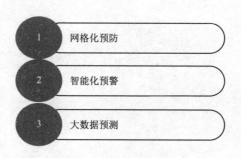

图 11-5　"三预一体"

（3）大数据预测。通过智能化引擎和视频结构化技术，智能安防解决方案能够对各种感知终端收集的视频数据进行深度挖掘，建立大数据挖掘平台，为安防决策提供可靠的依据。

旷视科技智能安防解决方案的最终目标是"服务实战"，其成果十分喜人。例如，旷视科技开发的人脸卡口系统帮助警方成功抓获百余名在逃人员；旷视科技开发的静态人脸识别系统在短短一天内破获多起行窃案件，不仅帮助警方成功抓获 5 名犯罪嫌疑人，还成功打掉一个犯罪团伙。

在旷视科技的智能安防解决方案中，核心算法针对安防场景的特点，对人脸、人形和车辆三个安防关键要素的分析采用智能加速引擎和 GPU 计算单元，实现最优搜索和匹配性能，即使在雾霾、大雨等恶劣天气下也具有良好的识别性能。

在 AI 技术的帮助下，旷视科技的智能安防解决方案达到"快、准、灵"的目标，给公共安防领域带来极大的便利。由此可见，在建设新型智慧城市、平安城市的道路上，智能安防也是主流趋势。